BIANDIAN YUNJIAN YITIHUA SHEBEI ZHUREN JIANSHE
PEIXUNJIAOCAI

变电运检一体化设备主人建设培训教材

国网浙江省电力有限公司绍兴供电公司　组编

中国电力出版社
CHINA ELECTRIC POWER PRESS

内 容 提 要

为满足"管理精益化、队伍专业化、装备智能化、业务数字化、绩效最优化"的现代设备管理体系要求,推进变电设备主人制更好地落地实施,本书以"运检一体化"为抓手,介绍变电设备主人建设的方法,内容结合典型业务流程和实际案例,层层递进,形成闭环。

全书共分7章,分别为:运检一体化设备主人概述、运检一体化班组建设、运检一体化典型业务做法、运检一体化设备主人团队业务建设、运检一体化设备主人管控典型做法、智能运检在运检一体化设备主人建设中的应用、运检一体化设备主人建设评价方法。

本书实用性强,不仅可以作为变电运行维护人员、检修试验人员的培训教材,还可以为变电专业管理人员提供参考。

图书在版编目(CIP)数据

变电运检一体化设备主人建设培训教材/国网浙江省电力有限公司绍兴供电公司组编.
—北京:中国电力出版社,2022.1
ISBN 978-7-5198-6205-3

Ⅰ.①变… Ⅱ.①国… Ⅲ.①变电所—电气设备—教材 Ⅳ.①TM63

中国版本图书馆 CIP 数据核字(2021)第 235390 号

出版发行:中国电力出版社
地　　址:北京市东城区北京站西街 19 号(邮政编码 100005)
网　　址:http://www.cepp.sgcc.com.cn
责任编辑:崔素媛(010-634125)
责任校对:黄　蓓　郝军燕
装帧设计:赵丽媛
责任印制:杨晓东

印　　刷:北京天宇星印刷厂
版　　次:2022 年 1 月第一版
印　　次:2022 年 1 月北京第一次印刷
开　　本:710 毫米×1000 毫米　16 开本
印　　张:10
字　　数:208 千字
定　　价:45.00 元

前　言

　　目前，电网设备规模大幅增长，装备技术水平显著提升，设备基础管理面临极大挑战，然而设备可用率、使用寿命、供电可靠性等指标与国际领先水平相比仍有一定差距；先进信息网络技术与传统设备管理业务未实现深度融合，设备智能化升级、管理数字化转型还需加快；设备全寿命周期管理未有效落地，设备全过程质量管控还需加强，建立"管理精益化、队伍专业化、装备智能化、业务数字化、绩效最优化"的现代设备管理体系成为发展趋势。与此同时，随着大量采用新技术的智能化变电设备陆续投入变电站运行，为了适应新形势下的变电站的运检模式，对变电运检人员的稳定运行和维护检修能力也提出了更高的要求。变电运检一体化班组作为变电设备主人制的落脚点和突破点，通过构建履行设备主人要求的运检班组，推进设备主人理念落地。于是，基于运检一体化设备主人的机制就应运而生，运检班组是设备全寿命周期管理的落实机构和责任主体，全面开展运维、检修、监测、评价、验收等设备全寿命周期管控业务。

　　本书根据国家相关要求，结合电力行业运检业务和设备主人制落地情况，经过调研、探索、实践、论证和优化，探索出一条以"运检一体化"为抓手，深化落实设备主人制之路，运检一体化设备主人管理模式的深入推进，能充分提升设备主人的业务技能水平和业务范围，强化设备主人对设备全寿命周期的管控能力，提升设备主人的话语权。

　　本书以推进运检一体化设备主人制落地为目的，着重分析讨论运检一体化设备主人的建设方法，按照层层推进的关系，先从运检一体化入手，提升人员运检水平，并以此为基础将相关人员提升至运检一体化设备主人，对各典型的业务进行介绍，并辅以案例进行详细说明，最后以运检一体化设备主人建设的评价方法进行收尾，形成闭环。本书主要从以下方面展开：运检一体化设备主人概念的引入和介绍，运检一体化班组的建设方法，运检一体化业务的典型做法，运检一体化设备主人团队建设，运检一体化设备主人的典型做法，智能运检在运检一体化设备主人建设中的应用，以及运检一体化设备主人建设的评价方法。

本书由国网浙江省电力有限公司绍兴供电公司组织编写，在编写过程中得到了来自国家电网有限公司系统内外运检管理技术专家、技能专家和管理人员的大力帮助和支持，在此表示深深的感谢。

由于经验和水平有限，书中难免出现疏漏和不足之处，敬请读者批评指正。

作者
2021 年 12 月

目　录

前言

第1章　**运检一体化设备主人概述** ······················· 1

1.1　运检一体化的基本概念及特点 ······················· 1

1.2　变电运检一体化设备主人概念及工作职责 ············· 7

第2章　**运检一体化班组建设** ···························· 11

2.1　大班组制实施 ···································· 11

2.2　运检一体化班组运作建设 ·························· 11

2.3　运检一体化班组建设案例 ·························· 20

第3章　**运检一体化典型业务做法** ······················ 37

3.1　倒闸操作 ······································· 37

3.2　专业巡检 ······································· 38

3.3　工作票执行 ····································· 40

3.4　新设备验收投运 ································· 42

3.5　带电检测 ······································· 44

3.6　应急处置 ······································· 44

3.7　运检一体化业务典型案例 ·························· 46

3.8　单间隔操作消缺 ································· 49

3.9　设备综合检修 ··································· 51

第4章　**运检一体化设备主人团队业务建设** ·············· 55

4.1　运检一体化设备主人团队建立工作思路及原则 ········ 55

4.2　运检一体化设备主人团队职责及业务管理 ············ 56

4.3　运检一体化设备主人保障机制 ······················ 58

4.4 运检一体化设备主人集控站建设 ……………………………… 61

4.5 运检一体化设备主人团队建设案例 …………………………… 64

第5章 运检一体化设备主人管控典型做法 ……………………… 69

5.1 工程项目管控 …………………………………………………… 69

5.2 检修过程管控 …………………………………………………… 76

5.3 设备状态管控 …………………………………………………… 79

5.4 运检一体化设备主人典型案例 ………………………………… 86

第6章 智能运检在运检一体化设备主人建设中的应用 ………… 109

6.1 变电站主辅设备监控系统应用 ………………………………… 110

6.2 智能机器人应用 ………………………………………………… 112

6.3 无人机巡检 ……………………………………………………… 114

6.4 智能运检技术应用案例 ………………………………………… 115

第7章 运检一体化设备主人建设评价方法 …………………… 137

7.1 运检一体化设备主人建设评价体系设置 ……………………… 137

7.2 运检一体化设备主人融合评价指标 …………………………… 139

7.3 运检一体化设备主人成效评价指标 …………………………… 144

7.4 运检一体化设备主人评价体系指标的权重设置 ……………… 147

7.5 运检一体化设备主人评价体系使用案例 ……………………… 148

参考文献 ……………………………………………………………… 150

第1章　运检一体化设备主人概述

1.1　运检一体化的基本概念及特点

1.1.1　运检一体化的基本概念

近年来，随着电网规模的不断扩大和新技术的不断应用，变电运检业务内容逐渐扩展，精益化管理要求也逐渐提升，传统变电设备的运维检修模式面临新的挑战和机遇。

（1）变电站数量增加和人员配置矛盾日益突出。近十年来，全网设备大规模增长，而从事变电运检的人员数量却跟不上设备增长速度。并且单纯依赖增加运检人员数量来应对输变电设备规模增长和精益化管理要求提升的方式不具备科学性、有效性和可持续性。

（2）传统运维和检修工作流程制约了运检效率的进一步提高。变电运维、检修两大部门在工作过程中按序交接、循序等待、重复监督等因素使得其流程连贯性差，造成时间、人员、车辆等资源的浪费，整个运检过程的效率低下。

（3）电网员工素质的提升、先进技术的应用和管理水平的提高，给运检一体化实践提供了有利条件。

传统变电运检模式涉及变电运维、检修两个专业，一项运检工作需两组人员彼此配合、交替开展，按照运维操作、工作许可、设备检修、运维验收、设备复役流程严格执行，整个过程部分环节效率不高。同时，随着电网规模不断扩大，运检业务范围逐渐扩展，特别是设备主人制的进一步深化，原有运维、检修两种业务严格区分的模式，越来越难以适应"设备主人＋全科医生"的设备全寿命周期监管的要求。

变电运检一体化（简称"运检一体化"）最早起源于停复役操作和消缺一体的"操作消缺"模式，后经历拓展、融合、成熟、推广等阶段，形成了以变电运维和检修两大专业的制度融合为基础、技能融合为关键、业务融合为途径、系统融合为支撑、绩效融合为保障、模式融合为目标的运检一体化专业管理模式。

具体到生产作业方面，运检一体化是指：具有运维检修双重专业技能的人员，依据岗位职责开展变电运维和设备消缺、综合检修、生产计划编制、技改大修项目管控等业务，以设备管控提质增效为目标的一种生产作业模式。

1.1.2 运检一体化的特点

运检一体化模式的特点包括制度融合、技能融合、业务融合、系统融合、绩效融合和模式融合。

一、 制度融合

制度融合是指运检一体化模式下，结合"运检一体化"在安全生产管理方面的风险，对现有的规章制度、管理标准进行梳理，整合检修和运维交集部分的管控体系，建立适应运检一体化模式的、涵盖岗位管理、生产计划管理、检修后验收管理等在内的管理规定和涵盖操作消缺、检修试验、新设备试验投运、综合检修、倒闸操作等在内的业务流程，确保运检一体化作业安全、规范、有序执行。

1. 修订安全管理制度，厘清业务职责界面

修编一揽子运检一体化安全管理制度，梳理明确运检一体化业务职责界面，并制定一系列具有针对性的安全保障措施。

运检一体化班组负责各类检修业务，承担各项工程的全过程管控，具备独立的技术支撑能力和安全监管能力。开展大型综合检修工程或者同时进行多个检修作业时，适当补充专业检修力量。超前分析研判运检一体化推广过程中人员思想、安全管理、安全承载力、业务技能等各环节风险因素，推进安全、风险管理由"事后纠弊"向"事前预防"转变、由"问题发现型"向"问题预防型"转变，充分发挥安全管理的预警和预防功能。

2. 规范标准作业流程，健全安全管控体系

制定业务管理制度，规范运检一体化管理规定和业务流程。

（1）打破现行运维和检修管理标准的独立性，整合形成涵盖生产计划管理等业务的运检一体化管理规定，实现运检一体化工作在不同区域、不同变电站的制度化、标准化作业。

（2）全面梳理运维和检修工作流程，合并前期勘察、方案编写、修后总结等重叠的作业环节，消除检修后验收等业务流程交界面断点，实现运检一体化标准业务流程，提升运检管理水平。

（3）创新构建角色转换模式，结合变电运检实际业务，明确规定运检人员在设备停役、现场安全措施布置等环节中可根据作业要求进行工作职责转换，实现运维检修工作无缝切换。

二、 技能融合

运检一体化模式下，通过相应的技能培训，运检人员达到"一精、二会、三了解"水平，即精通本专业、学会第二专业、了解相关专业；通过技能鉴定，运检人员具备运维的值班员和检修的工作负责人双资质，实现运检人员的"一岗多能"，培养出匹配"运检一体化"要求的复合型技能人才队伍。

表1-1为××运检班人员技能资质情况，从中可看出，××运检班已全员具备多专业技能，可满足各项运检工作开展的要求。

表1-1　　　　　　　　××运检班人员技能资质情况

姓名	第一专业	第二专业	运维资质	检修资质
胡××	变电检修	变电运维	正值	工作负责人
范××	变电检修	变电运维	副值	工作负责人
陶××	变电检修	变电运维	副值	工作负责人
元××	变电检修	变电运维	正值	工作负责人
邴××	变电检修	变电运维	副值	工作负责人
王×	继电保护	变电运维	正值	工作负责人
张××	继电保护	变电运维	正值	工作负责人
范××	继电保护	变电运维	副值	工作负责人
谢×	继电保护	变电运维	正值	工作负责人
莫××	继电保护	变电运维	值长	工作负责人
沈×	继电保护	变电运维	副值	工作负责人
陈××	继电保护	变电运维	副值	工作负责人
徐××	继电保护	变电运维	副值	工作负责人
龚××	变压器	变电运维	副值	工作负责人
金×	高压试验	变电运维	副值	工作负责人
梁×	高压试验	变电运维	值长	工作负责人
戚××	自动化	变电运维	副值	工作负责人
李××	自动化	变电运维	副值	工作负责人
王×	变电运维	大二次（运动）	值长	工作负责人
陈×	变电运维	大二次（运动）	值长	工作负责人
茹××	变电运维	大二次（运动）	值长	工作负责人

续表

姓名	第一专业	第二专业	运维资质	检修资质
王×	变电运维	大二次（继保）	值长	工作负责人
王×	变电运维	大二次（继保）	值长	工作负责人
蒋××	变电运维	大二次（运动）	值长	工作负责人
许××	变电运维	大二次（运动）	正值	工作负责人
陈××	变电运维	大一次（检修）	正值	工作负责人
蒋××	变电运维	大一次（变压器）	值长	工作负责人
钱××	变电运维	大一次（检修）	正值	工作负责人
罗×	变电运维	大一次（检修）	正值	工作负责人
周××	变电运维	大一次（变压器）	正值	工作负责人
王×	变电运维	大一次（变压器）	副值	工作负责人
黄××	变电运维	高压试验	正值	工作负责人
赵××	变电运维	高压试验	正值	工作负责人
黄××	变电运维	大二次（运动）	副值	工作负责人
杨××	变电运维	大二次（继保）	副值	工作负责人
陈×	变电运维	大二次（继保）	副值	工作负责人

三、 业务融合

运检一体化模式，以提升设备监控强度、运维管理精度为导向，可克服人员、资源、流程等短板，推进运维、检修业务深度融合，实现业务能力持续升级。

1. 重构小型运检业务流程，减少冗余人员

开展小型运检业务时，运检作业设备停役、现场安全措施布置、工作许可、现场作业过程、工作终结、现场安全措施恢复、设备复役等环节存在运维检修人员资源力量较分散、人员配置效率低等问题。运检一体化模式下，创新运用"角色转换"理论，通过"两票区分工种，一人分饰两角"实现运维、检修工作的人员最优。

融合前，工作至少需要 2 名运维人员（操作及许可、结束工作票）、2 名检修人员（工作负责人和工作班成员），2 辆工程车（运维检修各一辆）。

融合后，工作仅需 2 名运检人员，1 辆工程车。在停役和复役等操作阶段，2 名运检人员分别担任监护人和操作人角色；在工作票许可和结束阶段，操作人担任工作负责人角色、监护人担任工作许可人及工作结束人角色；在

检修作业阶段，两名运检人员分别担任工作负责人和工作班成员。2 名运检人员通过作业过程中角色的灵活转换，实现"停役→工作许可→检修作业→工作结束→复役"运维检修全过程不间断作业。

2. 厘清大型运检业务界面，缩短作业时间

大型运检业务实施过程中，存在流程交叉重叠、效益较低等问题。运检一体化模式下，优化生产业务流程，强调工作界面清晰、监督到位，确保作业现场流程不乱、工序不减，全面提升生产效率。

融合前，变电运维和检修专业的业务流程相对独立，交界面主要集中在检修实施阶段，由运维人员开展停役操作，随后，检修人员开展检修，运维人员同时进行检修现场管控，检修结束后，由运维人员进行复役操作。

融合后，运检人员负责检修准备、实施和总结现场勘察、检修方案及运维作业指导书编制、方案及指导书审查修改、检修实施、总结提升等全过程业务，减少交界面，整合冗余流程，可最大化发挥人员效用。

3. 完善传统运检业务实施，实现管控升级

传统模式下运维人员进行设备巡视和现场操作，检修人员进行维护检修。国网浙江省电力有限公司绍兴供电公司变革生产方式，重新整合设备巡视、维护性检修等业务，实现专业化巡检。

融合前，运维人员在巡视过程中，若发现变电站内设备和设施存在缺陷或者异常，只能记录上报后由检修人员进行检修。

融合后，运检人员在巡检过程中，若发现变电站内设备和设施存在缺陷或者异常，可现场立即开展诊断，并进行缺陷、异常处理。如因需安排停役、备品备件等问题无法马上处理，则可将该缺陷或异常列入检修计划后由运检人员按照工作流程快速处理。

四、 系统融合

以电网运检智能化分析管控平台为核心，融合多生产辅助系统，借助变电站设备状态感知系统，促进设备状态全面感知。大力推进机器人、辅控系统及工业视频等作业的广泛应用，提升运检业务的智能化水平和效率效益。

1. "建"平台，提升智能化运检水平

以实现运检业务数字化转型为目标，依托电网业务数据中台化改造，建立企业级智能运检管控平台。将设备资产精益管理、在线监测、视频监控、智能电网调度、主辅设备监控等系统接入集成平台，提升数据综合应用度。

同时利用运检移动作业终端，全面开展常规运检作业流程的移动化和数字化，大力推广数字化操作票、数字化工作票应用。

2. "融"数据，促进设备全面感知

以多系统数据融合为抓手，以提升设备状态管控水平为目标，提升海量多维运检数据的感知水平。

（1）开展运维数据和检修试验数据联合诊断。建立多维运检数据分析模型，全面评估并预测设备健康状况。

（2）建立典型设备异常处置知识图谱。对缺陷异常均进行运检联合会诊，深挖异常原因，建立典型设备异常处置知识图谱，为后续开展差异化运维和针对性检修提供依据。

3. "重"应用，推进运检作业机器替代

着力提升智能运检装备应用，加快实现作业机器替代。

（1）深化智能机器人应用。利用智能巡检机器人替代低效的人工巡视、测温等运维工作和 GIS 检修、主变压器高压试验等检修工作。

（2）深化辅控系统及工业视频应用。融合智能运检、智能联动机制，实现变电站环境、安防、消防等信息的可看、可测、可控、可调。

（3）深化状态监测系统应用。提升设备状态的感知能力，加强一、二次设备监测系统的应用，实时调取智能运检在线监测信息，辅助研判设备运行状态。

五、绩效融合

运检一体化模式探索能力和业绩相结合的运检正向激励机制，运用"双因素理论"强化物质和精神双重激励，构建运检一体化人员考核激励体系，通过薪酬激励、福利激励、政策激励等，最大程度满足运检人员在技术、技能、职业发展等方面的需要，促进人才成长。

1. 强调"提质增效"，动态化调整薪酬配额

运检一体化人员薪酬总配额以"提质增效"结果为导向，实行动态化调整。按照运检一体化运作过程中减少的人力资源、时间成本和作业项目成效进行综合考量，将节省的开支以一定比例增加到运检一体化人员薪酬总配额中，每年进行动态调整。以推进适应运检一体化人员薪资管理体系建设为契机，探索完善与运检一体化相配套的分配模式，打通运检一体化落地深化的"最后一公里"，充分激发基层活力。

2. 突出 "绩效杠杆"，人性化增强薪酬引导

运检一体人员的收入分配以 "绩效杠杆" 为引导，强调 "多能多得" 和 "多劳多得" 的公平分配。"多能多得" 分配是指薪资收入在原先的基础上，根据运检一体化的技能等级增加岗级和薪级，引导运检人员增强运检技术水平；"多劳多得" 分配是指根据运检工作量增加相应的专项激励，每月根据工作业绩积分浮动，并根据实施情况对运检作业进行难度分级并给予不同的业绩积分，运检人员按照每月从事的实际工作量进行行业绩积分折算，通过业绩积分计算运检一体专项奖励，鼓励运检人员更多地参与运检业务。

3. 加强 "四个倾斜"，多元化激励运检人才

加强多元化正向激励机制，充分调动运检人才的工作积极性。

（1）人才推优倾斜。优先推荐高技能等级的运检专家、技术人才参加国家和地方政府人才评选。

（2）福利待遇倾斜。高技能等级的运检专家、技术人才优先安排参加国内外进修学习和考察交流。

（3）政策激励倾斜。对高技能等级的运检专家、技术人才所在单位、班组，在工资总额分配、优秀人才推荐评选数量分配等方面给予政策倾斜。

（4）氛围营造倾斜。充分利用内部网站及外部媒体开展宣传，重点报道运检一体化人才事迹，营造技术技能人员成长的良好氛围。

六、 模式融合

变电运检一体化模式与设备主人模式深度融合，运检人员的专业能力与设备主人的主体责任高度匹配，是实现国网公司设备主人制 "三个理念" 落地的最佳途径。依托多元融合的运检一体化管理模式，实现设备主人制深化应用，形成运检一体化设备主人。

1.2　变电运检一体化设备主人概念及工作职责

1.2.1　设备主人的概念

近年来，公司实施变电站调度集中监控模式，变电运维人员不再承担设备监控职责，对现场设备关注度下降，设备主人意识淡化、能力弱化问题日益凸显。运维人员未能深度参与可研初设、采购监造、施工调试等设备管理前期工作，设备主人作用未能充分发挥，设备全寿命周期管理要求难以落实。

为提高运维人员的"设备主人"意识和设备管理能力，培养高水平设备运维"全科医生"，打造生产业务"核心队伍"，实现变电设备全寿命周期精益管理，公司按照"贴近设备、落实责任、精益运维、强化保障"的工作思路，实施设备主人制。

设备主人制是为强化变电设备管理制定的责任管理机制。变电运维人员是设备的"主人"，是设备全寿命周期管理的落实者、运检标准的执行者、设备状态的管理者。

设备主人应全过程参与设备可研初设、采购监造、调试验收、运维检修、退役报废等各项工作，落实设备全寿命周期管理各项要求，履行相应监督、管控、评价、跟踪、督办、记录等职责。

1.2.2 基于运检一体化的设备主人

运检一体化是设备主人工作落地的有效载体和人员技术技能水平提升的有力抓手。运检一体化设备主人在做好传统运维业务的同时，通过承担设备消缺、C/D级检修、生产计划编制、技改大修项目管控、运检成本分析等业务，实现专业融合，逐步提升设备主人的技术技能水平，提升各环节设备主人履职尽责能力。

运检一体化设备主人应依据带电检测、"一站一库"等设备状态评价结果，做好所辖变电站生产计划的编制工作，严格执行变电设施可靠性管理要求，优化运维、检修工作计划，做到"一停多用"，提高设备可用系数并减少计划性重复停运次数。

运检一体化设备主人应根据国家电网公司技改大修管理规定立项原则与变电站"一站一库"等设备状态评价结果，按变电站同类设备形成需求储备库滚动更新，提出生产技改大修项目立项建议，收集设备相关数据和项目立项依据性文件资料，参与方案论证与可行性研究，确保项目精准实施。

运检一体化班组作为变电设备主人制的落脚点和突破点，通过构建履行设备主人要求的运检班组，推进设备主人理念落地。运检班组是设备全寿命周期管理的落实机构和责任主体，全面开展运维、检修、监测、评价、验收等设备全寿命周期管控业务，增强设备主人在设备全寿命周期管理各环节中的主动权和话语权。

1.2.3 基于运检一体化设备主人的工作职责

运检一体化设备主人负责开展运维、检修、检测、评价、验收等设备全寿命周期管控业务，加速"设备主人"+"全科医生"转型。

1. 抓"事前"管控，把设备质量"入网关"

（1）全方位梳理抓整改。设备主人团队根据"一站一库"反馈的信息，整理汇总设备共性问题，形成《投运前端所需解决问题及建议》，确保共性问题提前整改。

（2）全维度收集寻规律。利用专业交流、出厂验收、安装验收、设备运维等渠道，全维度、多专业收集设备个性问题，分析汇总后寻找个性问题共性源头。同时举一反三，将个性问题延伸到专业管理，有效掌控设备问题固有规律，为后续设备提升提供依据。

（3）全过程跟踪促闭环。确定各个项目设备主人，以"一一对应"方式进行全过程跟踪管控。设备主人审查项目环节"共性问题"落实整改情况，督促各专业发现"个性问题"闭环整改，确保设备"零缺陷"投运。

2. 抓"事中"监管控设备质量"维修关"

（1）"预谋划"保计划完备。设备主人团队联合变电运检专家团队及施工单位专业人员，落实现场踏勘、"一站一库"、检修监管审核"三重保障"，确保设备隐患、缺陷全纳入检修计划。

（2）"控关键"防检修漏项。设备主人监管人员负责对检修过程中的关键环节、检修工艺及检修质量进行监督管控，协调检修过程中遇到的各项问题，每天总结当日情况以防疏漏。

（3）"回头看"促管理提升。设备主人在项目完成后适时组织复查和评估，进行"检修后回头看"，根据整体情况修订、完善"一站一库"，完成缺陷、隐患的及时闭环整改，完善计划和项目监管的及时修订，促进设备主人监管工作稳步提升。

3. 抓"事后"评价提设备质量"状态关"

（1）以"问题库"为基础管理设备健康。充分整合投运前后遗留的各类问题，结合运维和检修的工作情况和建议，形成更加全面完善的"一站一库"，确保设备主人完全掌握站内设备健康状态。

（2）以"管控库"为目标完善评价报告。设备主人参照现行检修评价方式，根据设备状态评价要素，结合检修专业梳理形成的设备状态评价报告以及设备"一站一库"等多元信息，形成综合性设备状态评价。

（3）以"需求库"为导向制定检修计划。设备主人根据变电站检修周期，结合状态评价结果及"一站一库",提出变电站年度检修需求和隐患、缺陷整治需求计划;根据月计划初稿内其他部门提出的停电计划,主动结合相应停役设备,完成隐患、缺陷整改,实现设备"一停多用"。

(4)以"核心库"为要义补充重点工作。设备主人团队根据迎峰度夏(冬)期间设备、负荷及环境特点,梳理重点跟踪管控设备问题清单形成"核心库",实施差异化运维,确保重要设备安全运行。

1.2.4 运检一体化设备主人模式的优势

运检一体化设备主人模式的运作具有以下优势。

(1)效率效益明显提升。基于运检一体化的设备主人在消缺工作效率、检修工作效率、平均运维成本、工作流程优化等各方面,对比基于运维一体化的设备主人实现了全包围。运检一体化作业有效精减了重复冗余环节,工作流程更加合理,以综合检修为例,减少了重复现场踏勘、重复方案编制、重复评估等环节,充分印证了基于运检一体化的设备主人是最优解这一命题。

(2)设备状态高效管理。"运检一体化"带来的专业融合和技能培养,打造了一支精干的运检一体化设备主人队伍,在设备前期和运行状态管控中,能充分发挥专业面广的优势,有效提升设备本质安全,具体表现在:①运检一体化设备主人能主动提出、主动发现、严格督促设备投运前各类问题整改,确保设备零缺陷投运;②运检一体化设备主人设备巡视具有更强的精度和深度,能够发现隐蔽的设备缺陷,并对设备缺陷开展即时消除,提高了设备健康水平;③运检一体化设备主人能精细评估在运设备状态,精准制定检修策略,严格管控检修作业,确保变电设备应修必修、修必修好;④在电网应急处置时,由运检人员一体完成故障隔离、设备抢修、恢复送电,可大幅缩短设备停电时间。

(3)设备全寿命扎实管控。运检一体化设备主人通过对变电设备全专业、全寿命管控,可大幅减少在运设备非计划性停电和抢修工作,设备待消除隐患及需执行反措的数量也较运维一体模式下降明显。

第 2 章　运检一体化班组建设

2.1　大班组制实施

运检一体化大班组制的实施，可进一步提高运检作业效率，推进设备主人制落地，实施过程遵循"制度先行保障、机构优化重组、人员技能融合、业务循序渐进"的原则，组建新变电运维班，将传统运维班的变电运维业务打通，开展班组场地建设、物资筹备、制度发布、人员准备、机构调整、技能培训、业务推进等工作，实体化大班组运作。具体实施过程可参照本章案例 2-1。

2.2　运检一体化班组运作建设

完成大班组制建设后，为进一步提升运维检修质量和效率，以运检一体化为抓手推进设备主人制的落地，对运维大班组进行运检一体化转型。

2.2.1　运检一体化模式及岗位管理

（1）运检班设置应综合考虑管辖变电站的数量、分布、工作半径、应急处置、基础设施和电网发展等因素；驻地宜设在重要枢纽变电站，运检班工作半径不宜大于 60km 或超过 60min 车程。运检班采用运检一体化管理模式，负责所辖变电站的运行维护、两票执行、消缺、例行检修、事故及异常处理等所有运行检修业务。

（2）运检班设置以下各类岗位：班长、副班长（安全员）、副班长（专业主管）、运检技术员、管理员、值长、正值、副值。不另行设立检修类岗位，所有人员均应同时具备某一专业运行和检修的工作资质和业务技能。运检班内检修专业人员数量配置至少满足开展"一座 110kV 变电站综合检修工程"这一基本需求，运检工作人员以 30 人为宜，其中具备一次检修技能的 12 人，具备二次检修技能的 18 人。

（3）运行副值、正值、值长由部门组织相应人员进行运行专业能力、安全规程等考试，经考试合格后，报公司人资部，由人资部发文公布，并报相关调控中心备案。工作负责人由部门组织相应人员进行专业能力、安规等考试，经考试合格后，由部门发文公布，并报公司安质部备案。工作票签发人由公司组织相应人员进行专业能力、安全规程等考试，经考试合格后，由公司安质部发文公布。

2.2.2 运检一体化值班管理

1. 值班模式

（1）运检班值班方式应满足日常运行和应急工作的需要，运行班驻地应24h有人值班，并保持联系畅通，夜间值班不少于2人。

（2）采用"2+N"模式。"2"表示至少应有2名24h值班人员，主要负责值班期间的应急工作，采用轮换值班方式；"N"表示正常白班人员数量，负责巡视、操作、维护、消缺和检修试验工作，夜间不值班（必要时可留守备班），应急工作保持24h通信畅通，随叫随到。

（3）在"2+N"的值班人员中设立一名值长，统筹负责当天的各项运行检修工作安排，负责当值期间的应急处置响应。

（4）运检班各专业人员均应参与24h值班的轮班，值班人员应掌握当值期间的所有运检工作、设备缺陷异常发生和处理情况。

（5）白班人员应根据工作计划开展工作，人员专业搭配应满足当天运检工作要求，同时满足应急抢修时的专业配置要求。

2. 值班制度

变电运检人员必须按有关规定进行培训、学习、考试合格并经批准、公布后方能上岗值班。值班期间，应穿戴统一的值班工作服和值班岗位标志，不应进行与工作无关的其他活动。值班人员在当值期间，要服从指挥，尽职尽责，完成当值的运行、维护、检修和管理工作。值班期间进行的各项工作，都应做好记录。每次操作联系、处理事故（异常）等联系，均应启用录音设备，对于操作接发令应采用扩音监听或回放录音方式，进行认真复核。白班人员在开展各项检修试验和消缺工作时，应遵循标准化工作流程，按期完成各项工作。

3. 交接班制度

（1）交接班工作必须严肃对待，当值人员在接班前和值班期间内严禁饮酒，并应提前到班组做好接班的准备工作。交接班时交、接双方人员应全部到场参加，列队交接。未办完交接手续之前，不得擅离职守。

（2）值班人员应按照规定的值班轮值表进行交接班，不得擅自调班。到交接班时间，如接班人员尚未接班，交班人员应坚守工作岗位，并立即报告班长或本部门领导，做好安排。个别因特殊情况而迟到的接班人员，同样应履行接班手续。

（3）交班前，值长应组织全体人员进行本值工作小结，并填写交班记录。

（4）白班人员也需参与交接班，把所完成的和待完成的巡视、操作、维护、消缺和检修试验等工作情况填入交班记录，并在交接班时补充说明。

（5）交接班前、后 30min 内，一般不进行重大操作和工作许可。在处理事故或倒闸操作时，不得进行交接班；交接班时发生事故，应停止交接班，由交班人员处理，接班人员在交班值长指挥下协助工作。

4. 交接班内容

交接班主要内容和接班人员重点检查的内容应满足《国家电网公司变电运维管理规定（试行）》［国网（运检/3）828—2017］中对交接班内容的规定，包括系统运行方式、工作票和操作票执行情况、一二次设备检修试验和缺陷发现、处理等情况等内容。交接班内容还应包括当天白班运检人员工作开展情况和应急事故处置情况。

特殊情况下的交接班内容如下。

（1）运检班遇所辖变电站因综合检修、事故处理等工作而无法进行正常交接班时，该变电站的交接班可改在变电站现场交接。

（2）运检班所辖变电站到交接班时间，尚在进行重大操作、异常处理和工作许可等时，允许对其他变电站先行交接，现场值班人员可以继续进行相关操作和工作，待操作完成或处理告一段落后再办理相关交接手续，并记录在"值班日志"上。

（3）对当值期间值班人员中途下班、中途换人的情况必须做好相关交接手续，并在"值班日志"记录。值长不宜中途下班或调换，特殊情况可由同级人员接替，履行相同手续。

（4）值长有权根据实际情况，适当调整交接岗位人员，但要注意做好交接工作和注意事项交待。

（5）白班人员在交接班时间若工作仍未结束，应将工作情况电话告知值长，由值长将工作情况交接给接班人员。

2.2.3 运检一体化角色转换管理

运检一体化角色转换是指在运检一体化工作中，为提高运检工作效率，在设备停役、现场安全措施布置、工作许可、现场作业过程、工作终结、现场安全措施恢复、设备复役等运检作业环节中，运检人员根据作业要求进行工作职责转换的一种创新做法。运检角色转换的前提是从事运检一体化工作的作业人员均具备运行、检修相应的资质，且在运检班所管辖的变电站内实施。原则上由运行能力强的运检人员担任操作监护人、工作许可人、工作班成员，由检修能力强的人员担任操作人员和工作负责人。

1. 运检一体化角色转换控制要点

（1）停役操作。运检操作人员（监护人、操作人）按浙江省电力公司《变电站运维管理规范》（Q/GDW 11 - 252—2013 - 10502）和《电气倒闸操作作业规范》（Q/ZDJ 56—2006）的标准要求进行倒闸操作。操作过程中出现异常，若无需使用应急抢修票或工作票，则无须进行角色转换，否则应在角色转换后处理异常。

（2）工作许可。停役操作完毕，完成现场安措布置，调度工作许可后，进行运检工作职责转换，由监护人转为工作许可人，操作人转为工作负责人，按国网浙江电力《变电站运维管理规范》《变电工作票作业规范》的标准要求进行现场安全措施核对及工作票许可。

（3）检修工作。运检工作许可后，进行运检职责转换，工作许可人作为工作班成员参加检修工作。

（4）工作过程配合。当检修人员需要向运行人员办理相关手续时，工作班成员角色转换为工作许可人，会同工作负责人办理相关手续。办完手续后，工作许可人角色再次转换成工作班成员，继续开展检修试验工作。

（5）工作结束。检修工作结束后，工作班成员转成工作许可人，会同工作负责人结束工作票，并恢复安措。

（6）复役操作。检修工作负责人角色转换成操作人员，会同监护人（工作许可人），进行设备复役操作，操作过程中的异常处理方式与停役操作一致。

2. 运检一体化作业的职责要求

运检一体化作业操作监护人负责与调控中心监控班联系，核对信号正确；

在运维检修管理系统（PMS）中输入操作、工作票记录；并负责将工作任务单反馈班组。运检一体化作业工作负责人负责填写现场检修记录，PMS中完成消缺流程、试验报告、作业指导书等相关信息。操作票拟票人和审核人不得由同一人担任，工作许可人和工作负责人也不得由同一人担任。操作票与工作票中各类人员职责不变，运检人员无论担当何种角色，均应按相关规定担负当前角色的岗位及安全职责。

2.2.4　运检一体化培训管理

运检班组应制定符合运检一体化要求的年度培训计划，根据计划要求，按期完成培训计划，由班长或技术负责人负责监督培训计划的落实，并在年末对培训计划执行情况进行分析、总结。运检人员应同时进行运行专业和检修某一专业的双重技能培训并取得相应上岗资格。运检人员因工作调动或其他原因离岗 3 个月以上者，必须经过培训并履行考试和审批手续，方可上岗正式工作。

1. 培训标准

熟悉变电设备结构原理、技术特点和运行情况，掌握电力系统基础理论知识；熟悉运行和检修各专业规章制度，并能在工作中按规章制度正确执行；熟练掌握变电设备巡视、倒闸操作、缺陷管理、设备维护、带电检测等运行相关技能；至少掌握一个专业的检修技能，具备该专业现场检修相关技能，掌握现场检修工艺要求和工器具及仪器仪表使用方法。

2. 培训模式

开展理论结合实践的技术培训活动，分阶段、系统性地对运行人员和检修人员进行交叉化的培训，逐步推动运检一体化"一岗多能"的人才培养；开展劳模工作室培训、实训场地演练、仿真操作、停运设备上实操、基建安装时观摩、厂家现场讲解等多种现场培训形式；结合应急培训，每月开展一次事故预想，每季开展一次反事故演习，反事故演习中运检各专业均应参与，重点关注运检各专业之间的协同配合、运行和检修专业之间的角色转换、以及应急处置的响应速度；充分利用单间隔运检作业易于上手的特点，优先作为实战练兵的一种手段，促进运检人员由培训向实战过渡；对各类新录用生产人员和转岗人员，必须按照岗位规范的要求进行岗位资格培训，对新员工开展运行和检修不分专业培训。

3. 内部技能鉴定

每年组织技能鉴定，鉴定范围是运检各专业，鉴定形式是理论加实操考试。针对职工不同的专业和工作年限，量身定制相应的鉴定方案，各专业均分1～5级技能鉴定，其中5级代表技能水平最高，等同于高级技师。1～3级为强制鉴定，确保运检人员达到满足工作要求的技能水平；4、5级根据个人意愿鉴定。

应根据技能等级和鉴定成绩，施行相应的奖惩措施。对技能鉴定成绩优秀者，或通过高级别技能鉴定者进行奖金奖励和工薪岗级奖励。1～3级技能鉴定未通过者，扣除一定数额奖金。

4. 培训资料管理

运检班应建设专业技能资料库，资料库中应包含运检各专业培训技术资料。建立培训档案并做好培训档案的管理工作。全部培训记录和考试成绩均应存入个人培训档案。不断积累培训资料、总结培训工作经验，提高运检人员的技术素质和管理水平。

2.2.5 运检一体化激励制度

运检一体化模式下，实行能力和业绩相结合的运检正向激励机制。根据运检人员主专业和第二专业技能等级的获得情况以及实际从事第二专业的工作业绩，分别在奖金奖励和工薪岗级等方面予以激励。

一、"一岗多能"的认定

"一岗多能"工作，要求做到"一精、两会、三了解"，即本专业要精通，相关专业要学会，相近专业要了解。精通就是能解决本专业疑难问题；学会就是能承担相关专业工作，需上岗证的必须取得上岗证，并通过部门级和公司级的双重鉴定；了解是参加相近专业的辅助性工作。

二、"一岗多能"的奖励

按"主岗人员从事副岗工作奖励"的原则进行，主岗人员从事副岗工作是指检修能力较强的员工（主岗为检修，可称为"检修人员"）进行操作或运行能力较强的员工（主岗为运行，可称为"运行人员"）进行检修的情况。

1. 操作奖励

操作奖励是指由检修人员进行操作，对其按操作内容的多少进行奖励。操作奖励的考核单位均以一个操作内容为计，不按步计算。检修人员操作是指操作中各环节（拟票、审核、操作、监护）由检修人员完成或部分完成的

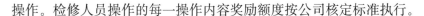

操作。检修人员操作的每一操作内容奖励额度按公司核定标准执行。

2. 检修奖励

检修奖励是指由运行人员进行检修作业，对其按检修作业的性质（复杂项目和一般项目）和数目进行奖励。运行人员检修作业是指检修作业各环节（停役申请、工作票签发、工作票执行）由运行人员完成或部分完成的检修工作。检修奖励的考核单位以规定范围内的一项检修作业内容为计。对运行人员检修作业的每一检修奖励额度按公司核定的复杂和一般项目标准执行。

原运行专业的缺陷发现奖、操作票和工作票执行奖，运检一体化后仍保留。对操作的考核以一个操作内容计算，不累加，每一操作内容扣奖总额度为对应奖励额度。出现错票扣奖对象为拟票人、审核人、操作人、监护人、值班负责人这 5 类，按奖励比例同比例扣奖。对检修的考核以规定范围内的一项检修内容为计，不累加，每一检修扣奖总额度为对应奖励额度，按奖励比例同比例扣奖。

2.2.6　运检一体化生产计划管理

运检一体化生产计划包括了运行、检修、检测以及运检一体化项目的年、月和周生产计划。

1. 计划上报

变电运检工作实行计划管理，应根据公司停电计划、设备检修周期、设备巡视和维护要求以及班组承载力上报年度计划、月度计划及周计划。

（1）年计划上报。根据所属变电站的设备检修周期、设备状态评估情况、设备隐患及反措整改计划、运行环境整治计划、房屋维修计划、安防及消防设施整改计划、新增设备计划以及所辖范围内新投运变电站运检计划，上报下一年度的运检生产计划。

（2）月计划上报。结合班组运检工作年度计划、班组所属变电站设备隐患及缺陷情况和各项新增工作，上报下一月度的运检生产计划。

（3）周计划上报。依据已下达月运检生产计划，统筹考虑运行检修工作分配和安全承载力，上报周工作计划，周计划应包括倒闸操作、巡检、定期试验及轮换、例行检修/大修、技改、反措排查执行、设备带电检测及日常维护、设备消缺等运检各专业工作内容。

2. 计划执行

根据下发的周计划，安排每日运检工作。每项具体工作都应明确具体负责人员工作注意事项、车辆安排和完成时限。

计划中的工作负责人应按计划高质量完成工作。

相关管理人员应按照到岗到位要求监督检查计划的执行情况。

3. 计划总结

运检班所在业务室应每月对计划执行情况进行检查，提高运检工作质量。

运检班每周及每月应对上一阶段运检各专业的工作进行总结，对下阶段运检工作进行计划安排，对未完成或遗留问题进行说明。

2.2.7 运检一体化仓储管理

运检一体化仓储管理是指对运检生产中所涉及的安全工器具、仪器仪表、检修工机具和备品备件实行统一仓储式管理。

运检班应按照《国家电网公司输变电装备配置管理规范》，根据所辖变电站的变电设备规模（分为Ⅰ、Ⅱ、Ⅲ类），配置相应数量的安全工器具、巡视操作装备、试验装备、检修装备和应急装备。

1. 安全工器具配置及存放管理

（1）运检班应配置数量充足、合格的安全工器具，建立安全工器具台账。每半年开展安全工器具清查盘点，确保账、卡、物一致。

（2）安全工器具应统一分类编号，并定置存放；绝缘工器具应放入专用的恒温恒湿安全用具柜内。

（3）安全工器具的保管及存放应满足国家和行业标准及产品说明书要求。

2. 安全工器具检验管理

（1）运检班应定期检查安全工器具，做好检查记录，对发现不合格或超试验周期的应隔离存放，做好"禁用"标识，停止使用。

（2）运检班应根据安全工器具试验周期建立试验计划表，试验到期前应及时送检。

3. 安全工器具使用管理

（1）运检班每年应组织安全工器具使用方法培训，新员工上岗前应进行安全工器具使用方法培训；新型安全工器具使用前应组织针对性培训。

（2）安全工器具使用前，应检查外观、试验时间有效性等。

（3）绝缘安全工器具使用前、使用后均应擦拭干净，使用完毕后需检查合格方可返库存放。

4. 仪器仪表配置管理

（1）仪器仪表选用应遵循成熟可靠、先进适用、经济合理、便于携带的原则。

（2）仪器仪表的配置应满足运检班相关专业试验、检测项目的要求。

（3）采购的仪器产品在投入使用前，应进行到货检测，检测结果应符合产品订货技术条件。

5. 仪器仪表保管和使用管理

（1）仪器仪表应有专人负责，妥善保管。运检班应建立台账，具备出厂合格证、使用说明书、质保书、检定证书、分析软件和操作手册等档案资料。

（2）仪器仪表及工器具借用应按照规定，履行必要的借用手续；明确借用时间、归还时间和交待使用安全责任。归还时，也应履行验收手续，确保仪器仪表及工器具完好、无缺陷重新入库。

（3）仪器仪表的保管、使用环境条件以及运输中的冲击、振动应符合其技术性能要求。

（4）使用人员在携带仪器前往现场途中，要防止仪器过分振动和碰撞，及时做好相应防范措施。在使用过程中应防止仪器受潮。

6. 仪器仪表检验管理

（1）仪器仪表保养每季不少于 1 次，确保其处于完好状态。仪器仪表发生故障时，应由专业修理人员修理，检测合格后方能投入使用。

（2）仪器仪表应按周期开展校验或比对；根据省评价中心制定的仪器仪表年度校验计划，运检班应按照计划及时送检。

（3）省评价中心应按照资质条件对仪器仪表进行校验，并出具检验报告。

（4）仪器仪表应有明显的编号、校验标志，禁止使用未校验以及校验不合格的仪器仪表。

7. 仪器仪表报废管理

（1）无法正常使用的仪器仪表应及时申请报废处理。

（2）仪器仪表的报废应严格按照公司固定资产管理要求履行报废手续。

8. 检修工机具存放管理

（1）工机具到货（安装）后，运检班应参与到货验收，做好验收记录。

（2）工机具验收合格后，运检班应建立台账，对使用说明书及图纸等技术资料进行归档。工机具存放应符合规程及厂家要求，实行出入库登记制度。

9. 检修工机具检验和使用管理

（1）检修工机具要定期检测、保养，不能超期使用，使用维护信息应有记录。

（2）检修工机具的使用应符合使用说明要求，现场操作人员应掌握工机具的操作规范。特种工机具应由具备专业资格的人员进行操作。

10. 检修工机具报废管理

（1）无法正常使用的检修工机具应及时申请报废处理。

（2）检修工机具的报废应严格按照公司固定资产管理要求履行报废手续。

11. 备品备件管理

（1）运检班应配置满足运检各专业需求的备品备件库。应建立备品备件台账，备品备件合格证、说明书等原始资料应齐全，严格出入库管理并定期更新。

（2）运检班应设专人负责备品备件管理，严格按照相关规定和设备说明书进行分类存放，认真落实备品备件防火、防尘、防潮、防水、防腐、防晒等工作要求。

（3）应定期对备品备件进行检查、维护和试验，防止因保管、维护不当导致备品备件损坏，确保备品备件完好、可用，并做好记录。

（4）动态开展备品备件核查，不足时应及时补充，杜绝因补充不及时导致系统或设备长期停运。

2.3 运检一体化班组建设案例

【案例 2-1】桑港、滨海大班组制的组建实施

下面以国网浙江省电力有限公司绍兴供电公司桑港、滨海运维班大班组运作为例，说明大班组建设过程。

一、概况说明

原桑港、滨海运维班所辖变电站共计共 34 座，其中 220kV 变电站 7 座（桑港班 3 座，滨海班 4 座），110kV 变电站 27 座（桑港班 15 座，滨海班 12 座）。

二、实施思路

国网浙江省电力有限公司绍兴供电公司成立新桑港运维班合并工作领导

小组和工作小组。第一阶段利用一个月时间，完成新桑港运维班成立前各项准备工作，主要包括物资筹备、大班组制建设、人员准备等工作；第二阶段利用一个半月时间，开展组建前的各方面建设，主要包括人员调整、技能培训、班组机构及人员资质批复等工作。试运行阶段，成立新桑港运维班，正常开展各项工作，大部分人员集中在桑港变电站上班，滨海变电站采用少人应急值班模式，由主站统筹安排相关工作。

三、 具体做法

1. 基础设施建设

新桑港运维班成立后，总人数 51 人，开展所辖变电站的运维工作，故基础设施建设应满足这一规模人员的生产生活需要。基础设施建设主要包括场地调整和物资筹备，由班组根据实际需要调整现有办公场所布局。

（1）完成新桑港运维班场地调整。根据桑港变电站现有场所设置，结合滨海变相关配置，调整相关场所设置，确保满足办公实施、生活基本所需。

（2）完成新桑港运维班的各类物资筹备。整合两个班组的办公物资、运维仪器仪表，运维备品备件等资源，满足日常工作所需。

2. 大班组整合

通过调整组织机构，审批班组资质。完成组织机构构架调整，向人资、调度申报审批班组资质。培训人员技能，打通人员资质，开展人员业务技能培训。组织桑港和滨海运维班人员进行培训学习，利用 1 个月的时间，互相熟悉另一个运维班的设备情况，掌握各变电站的特殊点，掌握各变电站设备的操作要领，进行部分人员专业资质认定考试。调整调度业务，融通相关系统。将原桑港、滨海两个运维班的调度相关业务，统一由融合后的运维班接管，以桑港变电站为中心站，开展运维班各项调度业务。完成生产管理系统、调度发令系统、可靠性系统等生产系统的组织机构信息调整，完成绩效系统等其他系统的组织机构和人员信息调整大班组合署办公，工作统一安排。正式成立新桑港运维班，人员统一安排，班组合署办公，各类工作统一出口，班组的生产计划、工作安排、后勤保障等各项工作，均以大班组为整体统筹开展。

3. 业务开展

按照"整体统筹，片区运作，分工有序"的工作思路，保留滨海驻点，滨海驻点采用少人模式。

（1）采用"2＋2＋N"模式，按桑港变电站主站每值2人，滨海变电站驻点站每值2人三班倒的固定值班，负责下属变电站的倒闸操作、工作票办理、异常及应急处置、基建技改大修、日常管理等工作，班组根据工作计划动态调整各站点值守力量。

（2）根据班组内部人员年龄结构，由班组内部大龄职工组成两个运维队，由运维队负责日常安全监护、设备维护、定期切换、运维消缺、常规排查以及32座无人值守变电站（不包括主站和驻点站）的例行巡视、特殊巡视工作。考虑桑港变电站普遍距离滨海运维班所辖变电站路程较远，为了减少路途消耗时间，运维队按区域开展工作，即每个运维队完成维护变电站的巡视维护工作的同时完成周边变电站的巡视工作。

（3）桑港变电站主站负责转发各级调度和监控下达的预令和异常信息至滨海变电站驻点站，由滨海驻点完成相应的工作，必要时给予支持。

（4）设立计划管理员梳理每月每周每日工作，提前一天安排下一天的工作，列好任务单，明确具体人员和车辆及各类工作中的注意点。

（5）取消原先每个值分管变电站，将每个变电站分包给设备主人，定期安排设备主人巡视，作为常规巡视的补强，并且负责该变电站的各类整改工作。

【案例2-2】运检一体化专项奖金奖励方法

运检一体化专项奖金奖励的对象是已取得运检双重资质的运检人员，以"公平公正、多劳多得"为基本原则，以专业能力为基础，以工作业绩为导向，使运检人员获得与自身能力和业绩相匹配的专项奖励。

一、 班组管理人员奖励

班组管理人员是指从事班组生产和综合管理的人员，包括城区变电运检班班长、副班长、班组管理员，其余人员统称为"班组运检人员"。

考虑班组管理人员的实际工作性质，同时保证专项奖金分配的公平公正性，班组长统一按专项奖金的人均金额奖励（人数扣除仅拿运检资质奖励和不拿运检奖励的人员）；班组管理员按专项奖金的人均金额奖励的60％发放，班组管理员参与运检生产工作的在此基础进行积分奖励。

二、 班组运检人员奖励

运检人员的专项奖金奖励由运检资质奖励、运检一体融合奖励、运检工作量奖励 3 个部分构成。

运检资质奖励每月固定金额，运检一体融合奖励和运检工作量奖励每月根据工作业绩积分可浮动，每个积分所代表的奖金金额计算为

$$每个积分所代表的奖金金额 = \frac{班组专项总奖金 - 运检资质奖励总奖金}{班组运检人员业绩总积分}$$

1. 运检资质奖励

运检资质奖励对象是拥有运维和检修双重资格，并能实际从事班组运检一体化工作的运检人员，奖励金额为每月 350 元。

为避免因特殊情况（春节等期间）导致总积分偏少而致使个人奖励金额异常偏高的情况，规定奖励金额上限为 2000 元，超额奖金按平均奖分配至其余运检人员。

除特殊情况外（如集中办公、运检专业交流等因工作需要缺席运检一体工作的情况），因故未能参与班组运检一体化工作共计 10 个工作日及以上者，仅拿运检资质奖励；如整月未能参与班组运检一体化工作者，停止发放该月运检一体化资质奖励。

2. 运检一体融合奖励

运检一体融合是指在运检工作中，运检人员全程参与设备停役、现场安全措施布置、工作许可、现场作业过程、工作终结、现场安全措施恢复、设备复役等运检作业环节或在同一工作日内，既从事运维类工作又从事检修类工作的一种实效明显的作业方式。

按照运检一体化工作的难度，总体分为一般、中等和复杂 3 个等级，分别对应工作业绩积分为 50 分、100 分和 150 分，运检一体化工作的等级定义如下。

（1）复杂。运维复杂＋检修复杂，运维复杂＋检修中等，运维中等＋检修复杂。

（2）中等。运维中等＋检修中等，运维复杂＋检修一般，运维一般＋检修复杂。

（3）一般。运维中等＋检修一般，运维一般＋检修中等，运维一般＋检修一般。

运维操作风险星级评估标准见表 2-1，变电检修项目难度分类见表 2-2。

表 2 - 1   运维操作风险星级评估标准

操作风险星级	风险星级释义	难度等级
五星级	1. 可能造成五星级电网风险的各类运行方式调整操作； 2. 已知防误装置存在功能性缺陷（或防误功能不完善）的四星级风险控制等级的操作； 3. 同一班内出现 2 个及以上四星级风险控制等级的操作；特殊保供电时期重要变电站属四星级风险控制等级的操作	
四星级	1.220kV 母线停复役操作； 2.220kV 变电站内 110kV 及以上母线上出线整体倒排操作； 3.220kV 主变压器停复役操作； 4.110kV 变电站全停停复役操作； 5.220kV 新建变电站投产启动操作； 6.220kV 变电站内各类主设备事故应急抢险操作； 7. 可能造成四星级电网风险的各类运行方式调整操作； 8. 已知防误装置存在功能性缺陷（或防误功能不完善）的三星级风险控制等级的操作； 9. 同一班内出现 2 个及以上三星级风险控制等级的操作；特殊保供电时期重要变电站属三星级风险控制等级的操作	复杂
三星级	1.10～110kV 母线停复役操作； 2.110kV 主变压器停复役作； 3.110kV 变电站半停停复役操作； 4.110kV、220kV 旁路开关代主变开关停复役操作； 5.110kV 变电站 110kV 母线上出线整体倒排操作； 6.35kV、110kV 新建变电站投产启动操作； 7. 涉及母线设备的 10～35kV 单一间隔一、二次新设备投运； 8.110～220kV 单一间隔一、二次新设备投运操作； 9.35～110kV 变电站内各类主设备事故应急抢险操作； 10. 可能造成三星级电网风险的各类运行方式调整操作； 11. 已知防误装置存在功能性缺陷（或防误功能不完善）的二星级风险控制等级的操作； 12. 同一班内出现 2 个及以上属二星级风险控制等级的操作；特殊保供电时期重要变电站属二星级风险控制等级的操作	中等

操作风险星级	风险星级释义	难度等级
二星级	1. 旁路开关代线路开关停复操作； 2. 不涉及母线设备的 10～35kV 单一间隔一、二次新设备投运； 3. 35kV 主变压器停复役操作； 4. 110kV、220kV 线路、主变压器、母分（桥）等单一间隔停复役操作； 5. 可能造成二星级电网风险的各类运行方式调整操作； 6. 已知防误装置存在功能性缺陷（或防误功能不完善）的一星级风险控制等级的操作； 7. 同一班内出现 2 个及以上属一星级风险控制等级的操作；特殊保供电时期重要变电站属一星级风险控制等级的操作； 8. 分层分区供电变电站运行方式调整操作	中等
一星级	1. 除上述风险星级等级外的其他一、二次设备操作； 2. 可能造成一星级电网风险的各类运行方式调整操作； 3. 各类定期切换试验操作	一般

表 2 - 2　　　　　　　　　变电检修项目难度分类

序号	类别	专业	工作性质	工作项目	难度等级
1	大一次	变电检修	B 级检修	10kV、35kV（户内）SF$_6$断路器单极更换	复杂
2	大一次	变电检修	B 级检修	10kV、35kV、110kV 隔离开关本体部件更换	复杂
3	大一次	变电检修	B 级检修	35kV、110kV、220kV 瓷套金属氧化物避雷器小脚绝缘子更换为大脚绝缘子，喷口调换	复杂
4	大一次	变电检修	C 级检修	110kV GIS 气室或间隔检修	复杂
5	大一次	变电检修	C 级检修	110kV 单一间隔检修	复杂
6	大一次	变电检修	C 级检修	110kV 母线独立式接地开关检修	复杂
7	大一次	变电检修	C 级检修	三圈变中性点二侧避雷器、中性点隔离开关等检修	复杂
8	大一次	变电检修	C 级检修	高空引导线制作，管型线夹压接及拆搭	复杂
9	大一次	变电检修	C 级检修	110kV GIS 气室或间隔检修	复杂
10	大一次	变电检修	C 级检修	110kV SF$_6$断路器本体检修	复杂
11	大一次	变电检修	C 级检修	110kV 隔离开关常规检修	复杂

序号	类别	专业	工作性质	工作项目	难度等级
12	大一次	变电检修	C级检修	中性点接地闸刀常规检修	复杂
13	大一次	变电检修	C级检修	110kV三绕组变压器中性点二侧避雷器、中性点隔离开关等检修	复杂
14	大一次	变电检修	C级检修	110kV金属氧化物避雷器检修	复杂
15	大一次	变电检修	C级检修	35kV单一间隔开关柜检修（断路器、电流互感器、避雷器）	中等
16	大一次	变电检修	C级检修	10kV单一间隔开关柜检修（断路器、电流互感器、避雷器）	中等
17	大一次	变电检修	C级检修	10kV、35kV电容器组检修	中等
18	大一次	变电检修	C级检修	35kV、110kV隔离开关常规检修	中等
19	大一次	变电检修	C级检修	10kV、35kV干（瓷）式穿墙套管检修	中等
20	大一次	变电检修	C级检修	10kV、35kV进线桥、硬母线检查、清扫	中等
21	大一次	变电检修	C级检修	35kV开关柜检修（断路器、电流互感器、避雷器）	中等
22	大一次	变电检修	C级检修	10kV开关柜检修（断路器、电流互感器、避雷器）	中等
23	大一次	变电检修	C级检修	10kV、35kV独立触头、压变柜检修	中等
24	大一次	变电检修	C级检修	10kV、35kV瓷式（硅橡胶）金属氧化物避雷器检修	中等
25	大一次	变电检修	D级检修	35kV、110kV、220kV变电站状态检修：专业范围内的检修电源箱检修、地电位除锈油漆	一般
26	大一次	变压器	B级检修	35kV、110kV变压器散热片更换	复杂
27	大一次	变压器	B级检修	35kV、110kV变压器储油柜更换，包括胶囊式、隔膜式、膨胀器	复杂
28	大一次	变压器	B级检修	35kV变压器纯瓷套管更换，变压器放油	复杂
29	大一次	变压器	B级检修	10kV变压器纯瓷套管更换，变压器放油	复杂
30	大一次	变压器	B级检修	35kV、110kV变压器套管电流互感器更换，变压器放油	复杂
31	大一次	变压器	B级检修	变压器冷却器分控制箱、总控制箱更换（停电检查、更换）	复杂

序号	类别	专业	工作性质	工作项目	难度等级
32	大一次	变压器	B级检修	35kV、110kV有载分接开关切换开关吊芯（变压器不吊罩）	复杂
33	大一次	变压器	B级检修	变压器有载开关在线滤油机更换	复杂
34	大一次	变压器	C级检修	35kV、110kV变压器常规综合检修	中等
35	大一次	变压器	C级检修	110kV干式电流互感器常规综合检修	中等
36	大一次	变压器	C级检修	35kV干式电流互感器常规综合检修	中等
37	大一次	变压器	C级检修	110kV油浸式电压互感器常规综合检修	中等
38	大一次	变压器	C级检修	35kV油浸式电压互感器常规综合检修	中等
39	大一次	变压器	C级检修	110kV电容式电压互感器常规综合检修	中等
40	大一次	变压器	C级检修	35kV集合式电容器常规综合检修	中等
41	大一次	变压器	C级检修	35kV油浸式电抗器常规综合检修	中等
42	大一次	变压器	C级检修	35kV油浸式消弧线圈常规综合检修	中等
43	大一次	变压器	C级检修	10kV、35kV油浸式（干式）站用变常规综合检修	中等
44	大一次	变压器	C级检修	10kV、35kV干式消弧线圈组合装置常规综合检修或消缺	中等
45	大一次	变压器	C级检修	变压器有载开关在线滤油机常规综合检修	中等
46	大一次	变压器	C级检修	站用电屏常规综合检修	一般
47	大一次	变压器	C级检修	35kV、110kV变压器整体除锈油漆	一般
48	大一次	变压器	C级检修	35kV及以上互感器整体除锈油漆	一般
49	大一次	变压器	D级检修	变压器设备D级检修（设备不停电巡检，带补漆、带电检测等）；变压器、互感器、消弧线圈、电抗器、站用电系统带电巡检	一般
50	大二次	继电保护	B级检修	110kV及以下主变压器单一保护装置更换	复杂
51	大二次	继电保护	B级检修	110kV及以下母差保护装置更换	复杂
52	大二次	继电保护	B级检修	110kV线路（旁路）单一保护装置更换	复杂
53	大二次	继电保护	B级检修	10kV、35kV线路（母分）、110kV桥（母分）保护装置更换	复杂
54	大二次	继电保护	B级检修	低周、低压解列保护，过载切负荷装置更换	复杂
55	大二次	继电保护	B级检修	备自投装置更换	复杂

序号	类别	专业	工作性质	工作项目	难度等级
56	大二次	继电保护	B级检修	故障录波器装置更换	复杂
57	大二次	继电保护	B级检修	电压并列装置更换	复杂
58	大二次	继电保护	C级检修	保护子站装置更换	中等
59	大二次	继电保护	C级检修	110kV主变压器非电量保护装置更换	中等
60	大二次	继电保护	C级检修	35kV、110kV主变压器保护定校（包括电源插件更换）	中等
61	大二次	继电保护	C级检修	110kV线路（旁路）保护定校（包括电源插件更换）	中等
62	大二次	继电保护	C级检修	35kV、110kV母差保护定校（包括电源插件更换）	中等
63	大二次	继电保护	C级检修	桥保护、母分保护、备自投装置定校（包括电源插件更换）	中等
64	大二次	继电保护	C级检修	低周、低压解列保护，过载切负荷装置定校（包括电源插件更换）	中等
65	大二次	继电保护	C级检修	故障录波器装置/电压并列装置（包括电源插件更换）定校	中等
66	大二次	继电保护	C级检修	停电状态下保护CPU插件更换	中等
67	大二次	继电保护	C级检修	停电状态下保护非CPU插件、继电器更换	中等
68	大二次	继电保护	C级检修	主变压器保护、110kV及以上所有保护定值修改（保护功能变动）	中等
69	大二次	继电保护	C级检修	其余保护定值修改（保护功能变动）	中等
70	大二次	继电保护	C级检修	停电状态下主变压器保护、110kV及以上所有保护程序升级	中等
71	大二次	继电保护	C级检修	停电状态下其余保护程序升级	中等
72	大二次	继电保护	C级检修	110kV线路（旁路）单一间隔通流试验	中等
73	大二次	继电保护	C级检修	带负荷试验（以一个间隔或者公用保护套数为单位）	中等
74	大二次	继电保护	D级检修	不停电状态下保护CPU插件更换	中等
75	大二次	继电保护	D级检修	不停电状态下保护非CPU插件、继电器更换	中等

续表

序号	类别	专业	工作性质	工作项目	难度等级
76	大二次	继电保护	D级检修	主变压器保护、110kV及以上所有保护定值修改（保护功能变动）	中等
77	大二次	继电保护	D级检修	其余保护定值修改（保护功能变动）	中等
78	大二次	继电保护	D级检修	不停电状态下保护程序升级	中等
79	大二次	继电保护	C级检修	10kV、35kV线路（旁路）保护定校（包括电源插件更换）（集中检修）	一般
80	大二次	继电保护	C级检修	10kV、35kV线路（旁路）保护定校投产检验（包括电源插件更换）	一般
81	大二次	继电保护	C级检修	10kV、35kV线路（旁路）单一间隔通流试验	一般
82	大二次	继电保护	D级检修	电容器保护定检（单套）	一般
83	大二次	自动化	D级检修	站控层交换机整机更换、配置修改、下装，信息核对（智能站交换机更换，需下装配置参数）	复杂
84	大二次	自动化	D级检修	PMU设备CPU插件更换、软件升级、组态修改、下装，信息核对	复杂
85	大二次	自动化	D级检修	远动机插件更换、软件升级、组态修改、下装，信息核对	复杂
86	大二次	自动化	D级检修	站控层交换机整机更换、配置修改、下装，信息核对（常规站交换机更换）	复杂
87	大二次	自动化	D级检修	数据网路由器设备配置修改、下装，信息联调	复杂
88	大二次	自动化	D级检修	数据网实时交换机、非实时交换机、纵向加密认证装置配置修改、下装，信息联调及故障检查处理	复杂
89	大二次	自动化	D级检修	PMU设备非CPU插件更换，信息核对	中等
90	大二次	自动化	D级检修	监控主机硬件故障检测（含硬件设备清扫，各功能插件检查等）	中等
91	大二次	自动化	D级检修	测量TA变比调整，后台、远动配合修改、下装，信息核对	中等
92	大二次	自动化	D级检修	后台间隔名称修改（以一个间隔的数据修改为单位计算工时）	一般

续表

序号	类别	专业	工作性质	工作项目	难度等级
93	大二次	自动化	D级检修	UPS电源更换	一般
94	大二次	自动化	D级检修	GPS对时检查、更换、消缺	一般
95	大二次	自动化	D级检修	测控装置检修、消缺	一般
96	试验	电气试验	例行试验	10～35kV、110kV变压器例行试验	复杂
97	试验	电气试验	例行试验	35kV及以下站用变压器、消弧线圈、电抗器例行试验	复杂
98	试验	电气试验	例行试验	35kV开关柜例行试验（户内）	复杂
99	试验	电气试验	例行试验	35kV间隔（户外）	复杂
100	试验	电气试验	例行试验	10kV、35kV母线例行试验，包括绝缘电阻、交流耐压试验	复杂
101	试验	电气试验	例行试验	10kV开关柜例行试验	中等
102	试验	电气试验	例行试验	10～35kV电缆例行试验	中等
103	试验	电气试验	例行试验	10kV、35kV电容器组，包括放电线圈、避雷器、串联电抗器、阻尼器及放电间隙等	中等
104	试验	电气试验	例行试验	110kV GIS设备例行试验，包括回路电阻、绝缘检查	中等
105	试验	电气试验	带电检测	110kV、220kV变电站内避雷器全电流及阻性电路测试（GIS站），不具备检测条件的避雷器不做	一般
106	试验	电气试验	带电检测	110kV、220kV变电站内避雷器全电流及阻性电路测试（非GIS站），不具备检测条件的避雷器不做	一般
107	试验	电气试验	带电检测	110kV变电站GIS超声波局放检测	一般
108	试验	电气试验	带电检测	110kV GIS特高频局放检测	一般
109	试验	电气试验	带电检测	开关柜局放	一般
110	试验	电气试验	带电检测	主变压器带电检测，可包括高频局放、特高频局放、铁心接地电流等	一般
111	试验	电气试验	带电检测	变电站全所设备接地导通性测试（GIS站）	一般
112	试验	电气试验	带电检测	变电站全所设备接地导通性测试（非GIS站）	一般
113	试验	电气试验	带电检测	变电站接地阻抗测试	一般
114	试验	电气试验	带电检测	附盐密度测试	一般

未能完成"运检一体融合"全过程作业，但参与了运维检修双专业的工作，承担相应的安全责任，并在工作票或操作票的票面上有痕迹化体现，称为"部分运检一体融合"，按该运检作业对应的难度等级降档进行奖励（"一般"保留"一般"等级奖励）。

一个工作日内，既从事运维类工作又从事检修类工作，根据从事工作的难易程度，工作业绩积分为：中等60分；一般30分。

3. 运检工作量奖励

（1）运检工作量奖励主要包括运检操作奖励及运检工作奖励两方面，该两方面奖励分别换算成业绩积分进行奖励。

（2）运检操作奖励主要根据班组上月执行的操作票及事故处理票有效步骤进行奖励，各环节按比例（拟票0.1、审核0.1、操作0.3、监护0.4、值长0.1）进行统计奖励，每步计1分。

（3）运检工作奖励主要根据班组运检人员每月从事的实际工作量（换算成业绩积分）进行奖励，第一专业、第二专业仅指运维专业及检修相关专业二大类，具体的积分政策为：①完成一项设备缺陷消缺工作（缺陷消除并完成 PMS 流程闭环），工作负责人积25分、工作班成员积10分/人；②完成一项除消缺外的运检工作，以工作票为依据进行业绩积分统计。

工作票按复杂程度分为大型工作票（涉及主变压器、母线停役工作）、第一种工作票（除大型票外）和第二种工作票3类，对应的基础积分分别为分30分、20分和10分，工作票相关负责人系数见表2-3。

表2-3　　　　　　　　　工作票相关负责人系数

类型	收到人	许可人	总负责人	分票负责人	工作班成员	结束人
大型工作票	0.1	0.36	1.2	1.0	0.4/人	0.36
第一种工作票	0.1	0.36	1.2	1.0	0.4/人	0.36
第二种工作票	/	0.3	1.0	/	0.4/人	0.3
第二种工作票（电话许可）	/	0.1	1.0	/	0.4/人	0.1

注　分票负责人、工作班成员按最高分计，不得重复计分。

专业负责完成一项运检专业项目的增加相关项目积分称"运检工程积分"，相关项目需由班组长明确后才可增加相应积分。运检相关项目积分见表2-4。

表 2 - 4   运检相关项目积分

序号	专业类别	工作项目	积分
1	运检类	220kV 变电站大修专业负责	100（外协），200（自行）
2	运检类	110kV 及以下变电站大修专业负责	50（外协），100（自行）
3	运检类	220kV 变电站全站改造专业负责	100~200
4	运检类	110kV 及以下变电站全站改造专业负责	50~100
5	运检类	220kV 变电站部分改造专业负责	50~100
6	运检类	110kV 及以下变电站部分改造专业负责	40~80
7	运维类	220kV 变电站全站投产运维准备	500
8	运维类	110kV 变电站全站投产运维准备	250

1）运检值班管理积分：值长按每值取值为 0.27×总分值％计算（运检一体融合积分及运检工作量积分总和）。

2）巡视维护管理积分：巡视维护负责人按每天取值为 0.06×总分值％计算（运检一体融合积分及运检工作量积分总和）。

3）缺陷或隐患发现积分：日常运检工作中按发现缺陷或隐患数量进行积分（专项排查除外），缺陷或隐患需填写完整的隐患设备信息，并给出初步诊断意见，红外测温需出具规范的测温报告，每发现并填报一条积 10 分/人（以填报人统计）。

4）运检加班积分：临时性的应急加班积 50 分/次，计划性的应急加班积 30 分/次。

5）运检培训积分：积极组织实质性的运检一体化培训工作积 50~100 分/次。

4. 奖金统计考评

运检专项奖金分配的每月各项统计工作，由班组管理员负责完成，并存档。

运检人员每月上报运检一体融合奖励申请，对从事的运检工作进行自评，班组管理人员根据工作完成情况和工作难度进行复评。运检融合项目申报表见表 2-5。

表 2-5   运检融合项目申报表

姓名	日期	工作内容	融合等级	自评积分	复评积分
××		写明工作内容，注明操作票和工作票编号	"复杂＼中等＼一般"		
个人总计					

不管是本专业还是第二专业工作，如未能按要求完成运检工作，酌情扣10～30 分；在作业过程中出现违章违规行为者，取消相关工作量积分奖励。"按要求完成工作"是指完成一项工作的各个流程，比如：①完成消缺工作是指消除该缺陷，同时完成 PMS 上相关流程，并告知班组缺陷管理班组长或专业技术员；②完成大修、投产试验、摸底、安措核对等工作是指在完成在现场工作基础上，需按要求上传试验报告、摸底反馈单或核对后的安措，如需执行新整定单则应填写整定单回单；③完成二次技改工作是指完成施工方案编写、工作物资筹备、现场验收、现场隔离和搭接、新图纸接收确认等过程，如需执行新整定单则应填写整定单回单；④完成巡视维护工作是指完成现场巡视维护并填写巡视维护卡；⑤完成红外测温工作是指完成现场红外测温并出具标准的红外测温报告。

班组长每月监督运检专项奖金的考评工作，及时完成并公示。

【案例 2-3】运检班组建设实例

一、组建前概况

某供电公司中纺运检班组建前，中纺运维班管辖 3 座 220kV、15 座110kV 和 1 座 35kV 变电站，虎象运维班管辖 4 座 220kV 和 11 座 110kV 变电站。中纺虎象运维班目前共有正编员工 40 名，代理制员工 16 名，负责这 34座变电站的运维业务；变电检修室的检修一班和检修二班负责中纺虎象所辖变电站的检修业务。

二、组建过程

1. 调整组织机构

（1）完善变电检修室管理架构。组建中纺运检班，变电检修室管辖的变电站数量将达到 63 座（某供电公司变电检修室再组建中纺运检班前已有城区运检班），超过了变电运维室所辖变电站数量（56 座）。但目前变电检修室管理组并无完整的运维管理体系架构，为应对剧增的变电运维业务，在变电检修室管理组中应充实若干运维管理人员，来确保运检一体深化推广过程中运维业务的顺利实施。因此，建议调整如下：变电运维室目前生技组配置有6人、安质组有4人，从变电运维室生技组和安质组分别调配2人至变电检修室生技组和安质组，协同原变电检修室生技组的1名运维专职，负责中纺和城区运检班所辖变电站的运维管理。

（2）组建中纺运检班。2019年8月，将中纺和虎象运维班调整至变电检修室，变电检修室部分检修骨干力量加入中纺虎象运维班，组建新的中纺运检班。重新设立班组管理人员，重新审批运维人员资质。

1）从变电检修室抽取13人的检修骨干力量（4名继保，2名远动，4名变电检修，2名变压器检修，1名高压试验），一共53人，与原中纺虎象运维班人员，共同组建中纺运检班。原中纺虎象运维班的代理制人员所从事的业务不变。

2）设立1名正班长，5名副班长（3名运行副班长，一、二次检修副班长各一人）；设立3名运行技术员，检修设立5名技术员，分别为继电保护、远动自动化、高压试验、变电检修和变压器检修技术员。

3）重新审批运维人员资质，发各调度机构备案，人员从业范围扩展至变电检修室所辖变电站，实现大型工作时的跨班组支援。

2. 人员技能培养

技能培训时间分两期：第一期为3个月（2019年8—10月），以集中轮训为主，兼顾实际生产；第二期为9个月（2019年11月—2020年7月），实战练兵为主，在实践中提高技能。培训方向分运维人员学检修、检修人员学运维、运检新员工培养3个维度。

（1）运维人员学检修。

1）第一期兼顾实际生产工作，开展脱产轮训：①在完成运维业务的同时，在变电站学习检修相关知识；②运维专业人员分3组，每组以一个月为周期到变电检修室实训基地开展实训，实训时先学习二次专业，半个月后，根据专业评估和个人意愿，确定第二专业，剩下时间学习所选专业的知识和技能。至本期结束，所有运维人员均应具备检修工作班成员资质。

2）第二期结合实际检修工作，开展强化提升：①充分发挥综合检修"练兵场"的作用，运维人员分9组，每组以一个月为周期定向参与综合检修工作；②在13名检修人员的带领下，实际从事消缺、反措、技改等检修工作，在实战中积累提升检修技能。至本期结束（2020年7月），50%运维人员应具备检修工作负责人资质。至2021年5月，除45周岁以上人员外，原则上所有运维人员均应具备检修工作负责人资质。

（2）检修人员学运维。

1）第一期兼顾实际生产工作，开展脱产轮训：①在完成消缺类检修业务的同时，学习运维相关制度；②在胜利变电站仿真培训实验室开展仿真实训；③在老九里变电站实训基地开展实操练习。以一个月为周期，4～5人为一组，对划至中纺运检班的13名检修人员进行强化轮训，第一期结束后，13名检修人员进行运维资质考试，通过后具备运维副值资质。

2）第二期结合实际运维工作，开展强化提升：①在班组运维管理人员的监管下，参与综合检修等大型工程的倒闸操作、安措布置、配合工作许可等全过程运维作业项目；②在熟练运维人员监护下，开展零星运维操作、工作许可；③参加变电站运行维护、日常管理及运维分析工作。至本期结束（2020年7月），除45周岁以上人员外，原则上所有检修人员均应具备运维正值资质。

（3）运检新员工培养。新员工按照先检修后运维的方式培养，2018年新员工已有7人分配至变电检修室按照"运检专业"要求培养。首先学习二次专业检修技能；根据专业评估和个人意愿，选定一次和二次专业；一年后，所有人应取得检修工作班成员资质，开始学运维专业；一年半后（至2019年底），所有人应取得运维副值资质；两年半后（至2020年底），原则上应同时具备运维正值和检修工作负责人资质。

3. 运检业务开展

（1）过渡期内学习运检一体化业务。设立3个月的过渡期（2019年8—10月），对应于运检培训的第一期时间段。该时期内，运检人员尚不具备双重资质，无法开展运检一体化业务。所辖变电站的消缺、反措、新设备试验投运、D级检修、应急处理等检修业务，应由班组新增检修专业人员开展。运维和检修人员互为见习角色，在业务开展过程中熟悉另一专业的业务特点，在过渡期结束取得另一专业的基本资质。

（2）循序渐进开展运检一体化业务。按照城区运检班业务发展路线图，将运检合一业务开展分为起步、融合和成熟3个阶段。

1）起步阶段。2019年11月—2020年3月，所有人员已取得运维检修双重资质，运检人员可按规定从事 220kV 及以下变电站的 110kV 及以下间隔的操作消缺、专业巡检以及运检一体化倒闸操作。运检人员应从消缺相关项目入手，尽快熟悉运检一体化业务的系列流程和规定。

2）融合阶段。2020 年 4—9 月，运检人员第二专业技能进一步提升，业务范围可拓展至试验相关运检一体化业务，包括运检一体单间隔检修试验、新设备投产试验、D 级检修、运检一体应急处置。操作消缺的范围进一步拓展至 220kV 及以下变电站所有的单一间隔，原检修人员可从事运行维护、运检一体工作票执行、简单应急处置，原部分运维人员可按工作负责人的身份开展检修工作。

3）成熟阶段。2020 年 10 月—2021 年 6 月，运检人员把运检一体化项目进一步拓展至综合检修、反措技改等相关工作，最终能按照运检一体化成熟的模式开展各项运检一体化业务。人员实现技能融合，运维检修实现业务融合，原运维人员能以检修工作负责人身份开展检修工作，原检修人员能以正值身份开展运维工作。

第 3 章　运检一体化典型业务做法

　　运检一体化班组在做好运维班组所承担的倒闸操作、工作票执行、设备巡视维护、新设备验收投运、带电检测、应急处置等业务的同时，利用运检一体化的多专业优势，优化业务流程，进一步做深传统运维业务，运检班组还可开展单间隔操作消缺和设备综合检修等运检业务，将业务范围由传统运维业务进一步拓展至检修业务。

3.1　倒闸操作

　　运检一体化倒闸操作是指具备运行和检修技能和资质的运检人员执行倒闸操作的运检一体化业务。正常情况下，倒闸操作流程与传统运维模式一致；在倒闸操作遇到异常时，操作人员可转为检修人员完成异常处理，从而提高倒闸操作的效率。

　　运检一体化倒闸操作需遵循传统倒闸操作的"六要""七禁""八步"基本原则。运检一体化倒闸操作流程如图 3-1 所示。

　　运检一体化倒闸操作过程中若出现异常，应立即停止操作，运检人员利用多专业技能优势处理异常，查明原因，汇报管辖调度及相关管理部门，在做好必要的安全措施后，由操作人员自行进行处理，处理过程应记录在运行记事中。若能在不改变设备状态下消除异常，则无须办理应急抢修票或工作票，异常消除后继续操作；若需改变设备状态或由外来人员参与处理的，使用应急抢修票或办理工作票。异常处理完成后，继续倒闸操作，异常处理情况需汇报调度，并记录在运行日志中。

　　当执行调度多个间隔同时操作的综合令时，若遇其中一个间隔因异常而无法继续操作时，将当前状态汇报调度，由调度将原操作票收回并重新发令。运检人员完成剩余间隔操作后，参照上文对异常间隔进行处置。

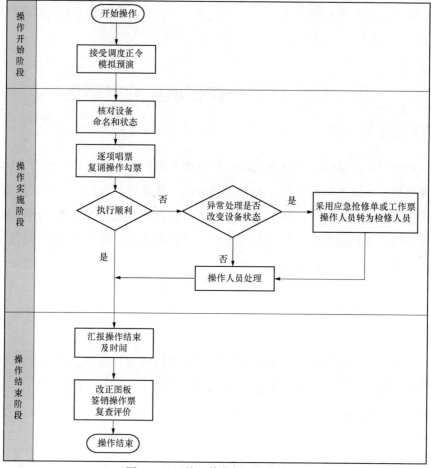

图 3-1 运检一体化倒闸操作流程

3.2 专业巡检

3.2.1 运检一体化专业巡检

运检一体化专业巡检是指在例行巡视中加入检修维护和消缺的一种运检一体化业务，即巡检人员既有较强的运行能力，又有较强的检修能力，在巡视中开展设备维护消缺的一种运检业务。运检一体化专业巡视流程如图 3-2 所示。

3.2.2 巡检准备

（1）巡检工作由班组管理人员结合反措排查等相关要求，列入生产计划。

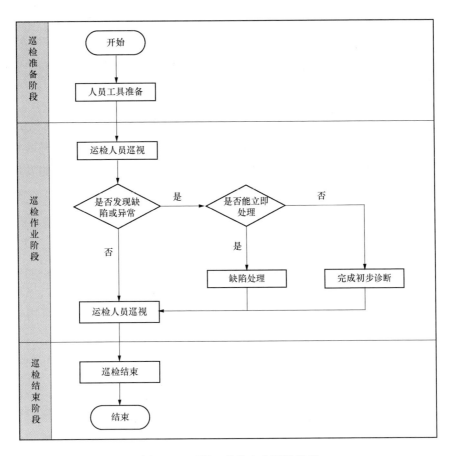

图 3-2　运检一体化专业巡视流程

每天巡检前，由巡检负责人梳理相关变电站的隐患缺陷情况，提醒工作人员掌控设备具体情况。

（2）巡检人员须携带专用工具包，包内含常用工器具，以备巡检作业使用，如带电检测工具、除锈润滑剂、酒精、胶布、记号笔等。

3.2.3　巡检作业

（1）巡检人员在巡检过程中，若发现变电站内设备和设施存在缺陷或者异常的，现场能处理的及时处理，现场不能处理的应对缺陷或异常完成初步诊断，把设备缺陷或异常信息详细记录（包含设备名称、型号、现象描述、缺陷部位、照片、生产厂家、需要备品情况、现场建议、发现人）反馈至当值人员，并由当值人员做好记录，根据缺陷或异常性质安排下一步处理措施。

（2）若待处理缺陷属于《国网运检部关于印发变电运维一体化工作指导意见的通知》（运检一〔2014〕65号）规定的100项运维一体作业项目范围，则无须使用工作票，直接使用标准化作业卡进行消缺作业，否则应按工作票流程执行消缺作业。

3.2.4 巡检结束

巡检人员在结束当天巡检工作后，将巡检作业卡记录归档，并将巡检中发现和处理的缺陷及异常情况，向运检班当值人员汇报，重要缺陷的发现和处理情况应向生产指挥中心汇报。

3.3 工作票执行

运检一体化工作票执行指具备运行和检修技能和资质的运检人员执行工作票的运检一体化业务。通过工作票执行过程中人员角色的转换，可用较少的运检人员完成原来需运行和检修人员分别或共同完成的工作。

运检一体化工作票执行需遵循传统工作票执行的"六要""七禁""八步"基本原则。运检一体化工作票执行流程如图3-3所示。

3.3.1 工作许可阶段

运检人员收到并审核工作票、接受调度工作许可、布置安全措施后，角色转换成工作许可人、工作负责人，工作许可人会同工作负责人核对安措并许可工作票。

3.3.2 工作开展阶段

工作许可人角色转换成工作班成员，按照标准化作业流程，会同工作负责人开展各类检修试验工作。

3.3.3 工作过程中的配合

当检修人员需要向运行人员办理工作间断、工作负责人变动、工作票延期、接地措施临时变动、工作解锁、工作接地线借用、工作内容增加等相关手续时，可参照《国家电网公司电力安全工作规程（变电部分）》中相关条款执行。

3.3.4 工作结束阶段

工作班成员角色转换回工作许可人，会同工作负责人办理工作结束手续。

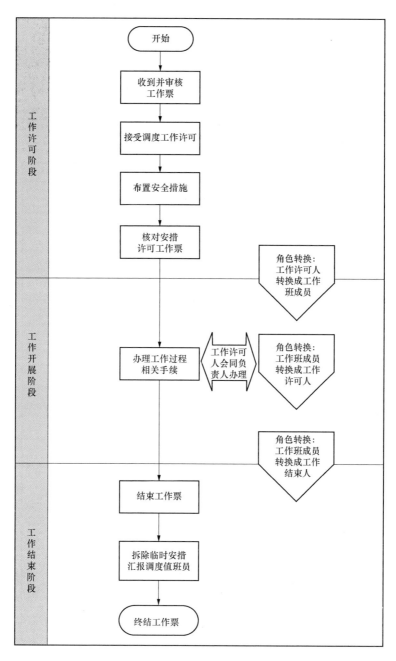

图 3 - 3 运检一体化工作票执行流程

之后工作负责人会同工作许可人恢复安措，汇报调度。

3.4 新设备验收投运

运检一体化新设备验收投运是指由同一批运检人员通过不同工作阶段角色的转换，既完成新设备验收或投运前试验、又完成投运启动操作的一项运检一体化业务。运检一体化新设备投运验收流程如图 3-4 所示。

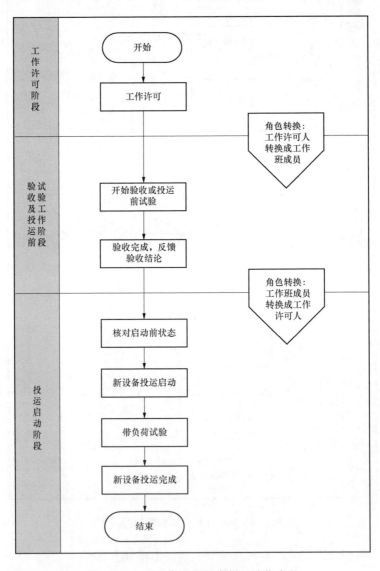

图 3-4 运检一体化新设备投运验收流程

3.4.1　工作票许可

运检人员按工作票的要求做好安全措施，检查安全措施正确、完备，按标准的工作许可流程进行工作票许可。

3.4.2　验收及投运前试验工作

工作票许可后，工作许可人角色转换为工作班成员，会同工作负责人开展新设备验收或投运前试验工作。验收及投运前试验工作过程中若需运行人员配合办理相关手续，不再另行安排运检人员来配合。

3.4.3　工作结束

验收或投运前试验工作结束后，工作班成员角色转换为工作许可人，会同工作负责人结束工作票，恢复安措。

3.4.4　验收结论反馈

按相关委托验收管理规定，如属委托验收的新设备验收，由被委托单位将新设备验收结论反馈至运检部相应专职。

3.4.5　调整核对启动前状态

工作票结束后，工作负责人和工作班成员角色转换回运检操作人和操作监护人，准备新设备启动。新设备启动前，运检人员应根据启动方案的要求，认真仔细调整、核对启动范围内所有一、二次设备的状态，调整、核对操作内容要有书面记录并签名，可纳入倒闸操作票进行管理。

3.4.6　新设备投运启动

运检人员向调度汇报新设备具备启动条件，调度根据启动方案，下达正式操作命令。参加投运的运检操作人和监护人进行新设备投运启动操作，操作完毕后汇报调度。投运启动操作完成后，新设备进入试运行阶段。

3.4.7　启动过程中的带负荷试验

投运启动过程中的带负荷试验，由参加投运操作的运检人员角色转换成检修人员后完成。带负荷试验完成后，检修人员角色再次转换回运行操作人员，继续投运启动操作。带负荷试验的工作许可和结束过程可参照运检一体化单间隔检修试验执行。

3.5　带电检测

运检一体化带电检测是指由运检人员完成原运行和检修专业分别完成的带电检测项目，带电检测项目的管理要求遵循《国家电网公司变电检测管理规定（试行）》［国网（运检/3）829—2017］。

运检一体化带电检测项目包括《国家电网公司变电检测管理规定（试行）》［国网（运检/3）829—2017］附录 A 中的带电检测部分项目。

带电检测项目的执行过程按照《国家电网公司变电检测管理规定（试行）》［国网（运检/3）829—2017］中的要求，分为检测计划制定、检测准备、检测实施、检测验收、检测记录和报告、检测结果分析与处理这 6 个过程。

运检一体化带电检测可使用标准化作业卡，作业流程可按当前运行专业的带电检测流程执行，无须开具工作票。

3.6　应急处置

运检一体化应急处置是指运检一体化模式下，对各类事故异常进行应急处置的过程，通过各专业之间的协同配合、运行人员和检修人员之间的角色转换，实现事故异常的快速有效处置。运检一体化应急处置流程如图 3-5 所示。

3.6.1　事故初次汇报

（1）恢复有人值班的变电站，运检班当值人员在 5min 内将故障简况向相关调度（包括监控）、班组长、生产指挥中心汇报，并通过短信辅助汇报。

（2）无人值守的变电站，运检班当值人员接收到监控班的事故信息，经初步确认后，运检人员赶往事故变电站处置，同时在 5min 内将故障简况向班组长、生产指挥中心汇报，并通过短信辅助汇报。

3.6.2　事故详细汇报

（1）恢复有人值班的变电站，当值人员在首次汇报后立即开展现场检查，并在 15min 内向调度、生产指挥中心汇报现场检查情况、判断结论和处置建议。

（2）无人值守的变电站，运检人员到现场后，立即开展现场检查，并在

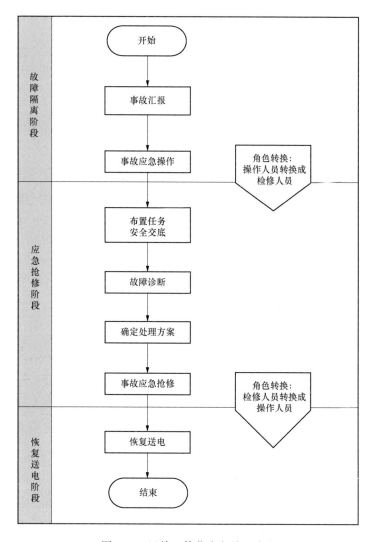

图 3-5 运检一体化应急处置流程

到达现场后 15min 内向调度人员汇报现场检查情况、判断结论和处置建议。

3.6.3 事故应急操作

（1）按照调度指令进行事故应急操作。常见的有两类操作：①调整运行方式的拉、合开关操作；②将故障设备改冷备用或检修的操作，使用事先拟订的事故处理操作票或典型操作票进行操作。

（2）成立事故应急处理小组。班组管理人员在接到运检人员事故汇报后，及时告知班长并立即成立由班长为核心的班组事故应急处理小组。

3.6.4 事故应急抢修

（1）事故应急处理小组立即组织落实抢修人员和抢修车辆，告知抢修人员事故信息，抢修人员带上必要的设备随车前去变电站。

（2）抢修人员达到现场后，抢修负责人向抢修人员布置抢修任务，进行安全交底；事故应急处理小组组织各专业根据事故现象，对故障进行诊断，研究确定处理方案。

（3）确定抢修方案后，运检人员向抢修人员许可工作，后可转换成抢修人员，充实抢修力量；事故应急处理小组应实时将事故情况和故障处理方案向上级汇报。

3.6.5 恢复送电

事故抢修结束后，部分抢修人员角色可转换成操作人员，进行恢复送电操作；直至系统恢复正常运行状态，应急处置结束。

3.7 运检一体化业务典型案例

【案例 3-1】运检一体化操作消缺

某日，监控发现 220kV×× 变电站 35kV I 段母线电压 $3U_0$ 偏高告警，运检班立即派出两名运检人员前往现场。

运检人员梁×和陈×到达××变电站现场后，发现母线三相相电压不对称，线电压对称，进一步检查后发现 3A12 消弧线圈脱谐度偏高，通过手动调档后，消弧线圈的脱谐度有变化，但是变化幅度不大，两位运检人员初步判断可能是由于阻尼电阻开路导致的。

经过与班组技术员分析讨论后，明确缺陷性质、停电范围、所需备品备件，确定处理方案。

此时，两名运检人员以运维角色开始停役操作。

待停役工作完成后，现场开始许可工作票，此时进行第一次角色转换，梁×作为工作许可人为陈×许可工作票，而陈×由运维操作人转换为检修工作负责人。

待许可完成后，梁×由运维工作许可人转换为检修工作班成员，加入到陈×的工作票中，开展消缺工作。

待消缺工作结束，3A12消弧线圈功能恢复正常后，两位人员进行检修自验收，并进行设备状态核对。

待确认消缺工作完成后，开始结束工作票，此时继续进行角色转换，梁×由检修工作班成员转换为运维工作结束人，为陈工结束工作票。

待工作票结束后，两名运检人员将进行复役操作，此时两人都担任运维角色，梁工为操作监护人，陈工为操作人，两人配合进行复役操作，操作结束后完成本次单间隔操作消缺工作。

回单位后在班组月度分析会进行宣贯学习。

本次单间隔操作消缺奖励分为工作量奖励和运检融合度奖励，运检融合度奖励为两人共同完成的运检融合业务1项，工作量奖励包括两人执行的操作票2份，共计52步，第一种工作票1份。

根据《运检一体专项奖金奖励管理办法》，梁×工作量奖积分为48分（包括操作票积分26分，工作票积分22分），运检融合积分50分，总计98分；陈×工作量奖积分为45分（包括操作票积分21分，工作票积分24分），运检融合积分50分，总计95分。

操作票步骤统计见表3-1，工作票统计见表3-2，运检奖励统计见表3-3。

经统计，当月每积分奖金额度2.05元/分，故此次运检任务梁×的运检奖励为200.9元，陈×的运检奖励为194.75元。

【案例3-2】运检一体化应急处置

某日11时，地区监控班来电，某110kV变电站1号主变压器第二套保护装置失电，并伴有相关装置的Goose断链告警，运检人员初步判断需重启1号主变压器第二套保护，同时并不排除保护装置电源板故障的可能性。运检人员立即汇报地调，同时立即前往现场进行检查与消缺工作。

20min后，运检人员陈×和周×到达现场，进行检查后发现1号主变压器第二套保护装置运行灯灭，与其相关的装置链路中断。运检人员随即将该情况汇报地调，要求将1号主变压器第二套保护装置重启，经地调同意后重启保护装置，异常未复归。运检人员判断为装置本身故障，要求将1号主变压器第二套保护由跳闸改为信号，然后进行消缺处理。

（1）两名运检人员根据调度正令拟写操作票，以运维角色开始将××变电站1号主变压器第二套保护由跳闸改为信号，陈×为操作监护人，周×为操作人。

表 3-1　操作票步骤统计

编号	操作步骤数	变电站	操作任务	操作时间	拟票人	审核人	审核值长	操作人	监护人
××变-2020-10-0005	27	××变电站	××变电站：消弧 3A12 线由接地变压器消弧线圈检修改为运行	2020-10-03 19:54:28	陈×	梁×	蒋××	陈×	梁×
××变-2020-10-0004	25	××变电站	××变电站：消弧 3A12 线由运行改为接地变压器消弧线圈检修	2020-10-03 17:21:56	陈×	梁×	蒋××	陈×	梁×

表 3-2　工作票统计

编号	票种类	变电站	工作内容	签发人	收到人	许可人	负责人	结束人	运检一体积分
××-×××变-2020-10-BⅠ-003	变电第一种工作票（A4）	九里变电站	35kV 开关室页面：消弧 3A12 消弧线圈更换阻尼电阻	谢×	蒋××	梁×	陈×	梁×	20.00

表 3-3　运检奖励统计

姓名	运检操作积分（操作票）							运检工作积分（工作票）							运检融合积分				运检综合积分		
	拟票人	审核人	审核值长	执行人	监护人	小计	本项积分	收到人	许可人	负责人	成员	结束人	小计	本项积分	负责人	成员	结束人	本项积分	成员	本项积分	合计
梁×	0	5.2	0	0	20.8	26.00	26	0	7.2	0	8	7.2	22.40	22	0	梁×	梁×	50.00	50	50.00	98
陈×	5.2	0	0	15.6	0	20.80	21	0	0	24	0	0	24.00	24	24			50.00	50	50.00	95

（2）停役工作完成后，现场开始许可工作票，此时进行第一次角色转换，陈×作为工作许可人，为周×许可工作票，而周×由运维操作人转换为检修工作负责人。

（3）许可完成后，进行第二次角色转换。陈×由运维工作许可人转换为检修工作班成员，加入周×的工作票中，开展消缺工作。

（4）经检查，发现为保护装置电源板损坏，更换电源板后装置回复正常。

（5）消缺工作结束，装置正常后，两位人员进行检修自验收，并进行设备状态核对。

（6）确认消缺工作完成后，开始结束工作票，此时进行第三次角色转换，陈×由检修工作班成员转换为运维工作结束人，为周某结束工作票。

（7）工作票结束后，两名运检人员将进行复役操作，此时进行第四次角色转换，陈×由工作结束人转换为操作监护人，周×由工作负责人转换为操作人，两人配合进行复役操作，操作结束后本次紧急消缺工作即告完成。本次危急缺陷消除仅耗时 2.0h。

3.8　单间隔操作消缺

单间隔操作消缺（检修试验）是指由同一批运检人员通过不同工作阶段角色的转换，既完成设备停复役操作又完成消缺（检修试验）工作的一项运检一体化业务。运检一体化单间隔消缺（检修试验）流程如图 3-6 所示。

3.8.1　停役申请

若需停役调度管辖设备，停役申请由运检班书面报调度值班员，并在停役申请中注明"运检操作"，调度批准后返回运检班。若需停役自调设备，则无须停役申请，但应至少提前一天签发工作票。

3.8.2　设备停役

（1）若为调度管辖设备，调度将设备停役操作预令下发至运检班，运检班接收预令后填写操作票，并审核正确；运检班人员在变电站现场接收调度正令进行操作，操作完毕后汇报调度，并接收调度的工作许可。

（2）若为自调设备，运检班人员到现场后电话告知运检班当值人员，当值人员向现场运检操作人发令"由运行改检修"，运检操作人员按事先准备的

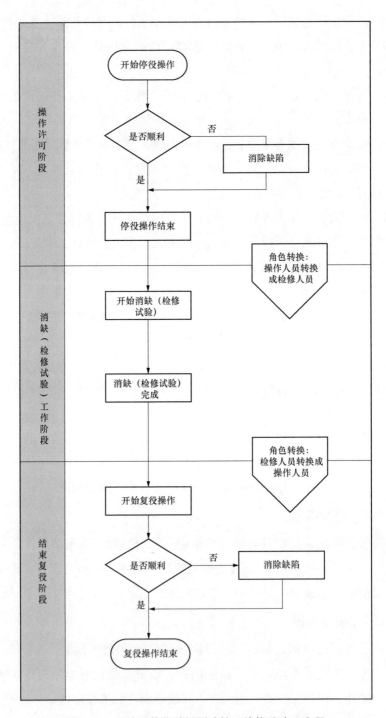

图 3-6 运检一体化单间隔消缺（检修试验）流程

操作票完成设备改检修操作，操作完毕后汇报当值人员，并得到当值人员的工作许可。

3.8.3　工作票许可

在得到调度或运检班当值人员的工作许可后，由运检操作人按工作票的要求做好安全措施，运检操作监护人检查安全措施正确、完备。运检操作人员角色转换为工作负责人，运检操作监护人员角色转换为工作许可人，按标准的工作许可流程进行工作票许可。

3.8.4　消缺（检修试验）工作

工作票许可后，工作许可人角色转换为工作班成员，会同工作负责人开展消缺工作。消缺（检修试验）过程中若需运行人员配合办理相关手续，工作班成员角色转换为工作许可人，会同工作负责人办理相关手续。办完手续后，工作许可人角色再次转换成工作班成员，继续开展检修试验工作，不再另行安排运检人员来配合。

3.8.5　工作结束

（1）消缺工作结束，运检人员自验收通过后，工作班成员角色转换为工作许可人，会同工作负责人结束工作票。

（2）工作票结束后，工作负责人角色转换回运检操作人，工作许可人角色转换回运检操作监护人，恢复安措。

3.8.6　设备复役

（1）若为调度管辖设备，运检操作监护人向调度值班员汇报工作完毕，接收调度复役操作正令后，运检操作人和监护人进行复役操作，操作完毕后汇报调度。

（2）若为自调设备，运检操作监护人向运检班当值人员汇报工作完毕，当值人员向运检操作监护人发复役操作令，运检操作人和监护人进行复役操作，操作完毕后汇报运检班当值人员。

3.9　设备综合检修

运检一体化综合检修是指运检一体化模式下，运检人员负责检修准备、指导书方案编制、停复役操作、工作许可、检修作业、工作终结、修后评估等全部作业环节，整合了传统模式下运行与检修重叠部分的流程，提高了运检工作效率。运检一体化综合检修流程如图 3-7 所示。

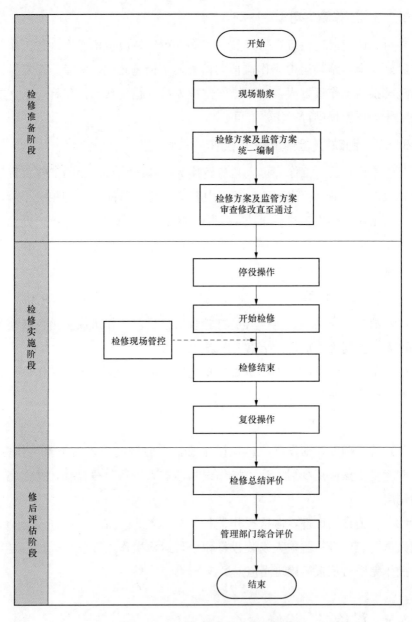

图 3-7　运检一体化综合检修流程

3.9.1　检修准备

（1）根据批准的检修计划，在综合检修工作开展前，检修单位组织开展设备信息收集和现场勘察，勘察内容涉及运行和检修两个专业，并填写勘察记录。若检修单位为外包单位，则外包单位也应参加修前勘察。

（2）综合检修前应根据检修内容和工程规模做好相关人员、工机具和物资准备。

3.9.2 检修方案、监管方案编制

（1）运检一体化综合检修应编制检修方案，方案应包括编制依据、工作内容、检修任务、组织措施、安全措施、技术措施、物资采购保障措施、进度控制保障措施、作业方案等内容。检修方案应明确运检班内部综合检修期间各检修作业面人员需求、定位和职责；检修方案也应体现运行专业的人员准备、工作要求和安全注意事项。

（2）当检修单位为外包单位时，应编制检修监管方案，监管方案应明确监管范围和监管内容，以及综合检修期间各作业面监管人员的安排。

3.9.3 停役操作

（1）调度将设备停役操作预令下发至运检班，运检班接收预令后填写操作票，并审核正确；运检人员在变电站现场接收调度正令进行操作，操作完毕后汇报调度，并接收调度的工作许可。

（2）操作过程中出现异常，处理过程参考3.1节中异常处理流程。

3.9.4 工作票许可

（1）另外安排运检人员按工作票要求做好安全措施，并检查安全措施正确、完备。原运检操作人员根据工作需要，可作为工作班成员加入检修工作。

（2）工作许可人会同工作负责人执行状态核对卡，按标准的工作许可流程进行工作票许可。工作票许可后，工作许可人角色转换成工作班成员参与检修工作。

3.9.5 检修现场作业

（1）现场交底。现场三级交底，一级为工地交底，二级为工作票交底，三级为作业专业小组交底。

（2）实施检修。按照作业指导书的工艺流程和工艺标准，完成检修任务。检修过程中，若需运行人员配合办理相关手续，工作班成员角色转换为工作许可人，会同工作负责人办理相关手续。办完手续后，工作许可人角色再次转换成工作班成员，继续开展检修试验工作，不再另行安排运检

人员来配合。

（3）完工自检。检修人员完成检修任务后，进行自验收工作。自验收合格后，方可提交运行人员验收并结束工作票。

（4）检修监管。当检修单位为外包单位时，运检班应对检修施工单位做好作业全过程监管，实现对检修作业的安全管控、质量管控、过程管控和技术支持。

3.9.6 工作结束

工作班成员角色转换成运行人员后，会同工作负责人核对状态；状态核对无误后结束工作票，并恢复安措。

3.9.7 复役操作

（1）部分检修人员角色转换成运行人员进行设备复役操作。操作监护人向调度汇报工作完毕，接收调度复役操作正令后，操作人和监护人进行复役操作，操作完毕后汇报调度。

（2）操作过程中出现异常，处理过程参考 3.1 节异常处理流程。

3.9.8 修后评估

检修结束后运检班应对综合检修进行总结，对检修计划、两票执行情况、检修方案和作业指导书执行情况、检修过程控制、问题处理情况、检修效果等情况进行全面、系统、客观的分析和总结。

第 4 章　运检一体化设备主人团队业务建设

4.1　运检一体化设备主人团队建立工作思路及原则

近年来，公司实施变电站调度集中监控模式，变电运维人员不再承担设备监控职责，对现场设备关注度下降，设备主人意识淡化、能力弱化问题日益凸显。运维人员未能深度参与可研初设、采购监造、施工调试等设备管理前期工作，设备主人作用未能充分发挥，设备全寿命周期管理要求难以落实。

为强化运维人员责任意识，提高设备主人的主观能动性，通过实施设备主人制，全面落实设备全寿命周期管理要求，对加强变电站运维管理，保障电网设备安全运行具有十分重要的意义。

4.1.1　工作思路

按照"安全第一、稳步推进、重点突破、总结提升"的原则，通过深化运检班组建设、优化设备管控流程、提升设备主人技能、推进智能技术应用等措施，全面推进运检一体化模式下的变电设备主人制在班组落地实施，进一步强化变电人员主人翁意识，切实提升变电设备管理水平。

4.1.2　工作原则

（1）始终将安全生产和队伍稳定作为设备主人工作深化实施的基础和前提，强化安全和风险管控，保障人身、电网和设备安全。

（2）以班组为落脚点和突破点，通过深化建设运检班组，推进设备主人理念的落地。

（3）全面优化并开展运维、检修、检测、评价、验收等设备全寿命周期管控业务，不断提升变电设备全寿命周期各个环节的设备主人履职尽责能力。

（4）深化智能运检技术应用，提升设备主人技能水平，提升专业核心竞争力。

（5）应结合电网结构、地域划分、人员配置、技术条件等，持续推进"2＋N"值班模式调整与大班组制实施，不断优化变电运维管理模式。结合变电站设备监控职责优化调整，稳步推进集控站建设，逐步建成全面履行设备主人职责的区域型集控站。

（6）根据实际情况和自身特点，可采用"运维班组为底、人员培训转岗""运维班组为底、补充检修力量"等模式构建得以有效落地的设备主人制运检班组。

4.2 运检一体化设备主人团队职责及业务管理

电网公司设备管理部（以下简称"设备部"）是设备主人制实施的归口管理部门，负责制定公司设备主人工作深化实施的规章制度和办法，指导、监督、检查和考核省检修公司及各地市公司（包括县公司，下同）设备主人制落实情况，协调解决相关问题，组织开展技术技能培训考核和专业交流。

地市公司（省检修公司）运维检修部（以下简称"运检部"）是各地市公司（省检修公司）设备主人制实施的归口管理部门，负责贯彻落实公司设备主人制相关规定和要求，编制本单位设备主人工作方案，指导、监督、检查和考核基层运检单位设备主人制落实情况，协调解决相关问题，组织开展技术技能培训考核和专业交流。

地市公司（省检修公司）生产指挥中心（以下简称"生产指挥中心"）负责协助运检部组织开展设备主人工作，监督、检查、管控本单位设备主人制落实情况，协调解决相关问题。

地市公司（省检修公司）变电运维（检）中心负责贯彻落实设备主人制相关规定和要求，组织设备主人工作现场实施，协调解决相关问题；负责组织开展智能运检建设与应用，稳步推进运检一体工作与集控站建设；负责为设备主人工作提供技术指导，组织开展设备主人相关专业技术技能培训和考核工作。

集控站是设备全寿命周期管理的落实机构和责任主体，也是设备主人制落地的执行单元。集控站下辖若干个变电运维（检）班［以下简称"运维（检）班"］。运维班除承担运维巡视、倒闸操作、维护切换、许可验收、异常及事故处置等传统运维业务外，还应全面开展工程项目管控（可研初设审查、关键点见证、驻厂监造、工程验收等）、检修过程管控（方案审查、旁站监督、检修验收等）、设备状态评价（部分带电检测、检修策略制定、"一站一库"建设等)、智能运检建设及应用等重点业务。运检班应在运维班设备主人工作的基础上继续拓展班组业务的广度和深度，承担设备消缺、C/D 级检修、生产计划编制、技改大修项目管控、运检成本分析等业务，全面开展运维、检修、检测、评价、验收等设备全寿命周期管控业务。

以设备主人制落地的最小执行单元——某一运检班组为例，从人力资源分配的角度，其职责包含运检值班及巡视维护、运检消缺与工作监护、综合检修或改造、新变电设备投运准备、综合运维排查整改、网上系统维护、到岗到位、值班管理等内容。

4.2.1　运检值班及巡视维护

班组实行值组化管理，将全部工作人员（除班组长及管理员外）分为三大值组，运维值班按照"3＋N"的原则编制排班表，即每天由当值值组中的 3 人进行 24h 值班，负责所辖 30 座变电站倒闸操作、事故异常处理、工作许可等工作。同时班组实行"白班代"＋"应急值班"模式，以期进一步最大化地发挥人员效用。

4.2.2　运检消缺与工作监护

对于消缺工作，一方面，在巡视维护过程发现的一部分简单缺陷，运检人员可以即时消除；另一方面，对于需要停电消除的缺陷，班组长根据班员专业特长进行工作安排，一般由 1 人担任"操作监护人＋许可人＋工作班成员"角色，为运维职责主要承担者；另 1 人担任"操作人＋工作负责人"角色，为检修职责主要承担者。对于较为复杂的缺陷，可另外增加一名工作班成员配合工作。运检消缺工作视班组整体承载力情况和设备停役需求进行安排，一般处理一处缺陷由 2 人即可全部完成。

4.2.3　综合检修或改造

对于综合检修或改造工作，以某 110kV 变电站大修为例。大修包含进场作业在内共利用 5 天时间完成，运检班主要承担倒闸操作、工作许可、各专业现场管控等工作。在人员分配上，根据每天工作强度，由 2～3 人负责停复役操作、许可以及标签制作、铭牌拍摄等运维工作；由 8 人分别担任现场总指挥、一二次总负责（安全员）及各检修专业负责人，同时，班组长作为总负责的，同时承担到岗到位职责。此外，由 2 人（一般包含 2 名值班人员）负责对侧变电站的停复役配合操作。

4.2.4 **新变电站投运准备**

以某 110kV 电压等级变电站为例，在可研初设阶段，运检人员即参与项目，新变电站的投运运维准备工作主要由 3 人完成，根据工作强度和进度，人员可增减至 2 人或 4 人。另由 1 位运维班组长负责质量进度总体把控和专业指导。随着运检班承担新变电站投运任务的增加，投运经验逐步积累和丰富，投运准备的效率和投运质量也在稳步提高。

4.3 运检一体化设备主人保障机制

4.3.1 **培训方式**

目前，所有检修岗位人员均具备运维工作资质，所有运维岗位人员也已具备检修工作资质。针对新从事运检一体工作的员工，班组制定相应的运检培训计划，在达到运维基本技能的基础上拓展相关运检专业的技能水平；从而培训出一批满足运检一体化工作要求的运检人才。同时，在职员职级、专家人才、劳模工匠评定工作中，优先向具备变电运检工资质的设备主人倾斜。

针对公司新入职员工，不再按照变电运维或变电检修岗位分别培训，统一按照变电运检工岗位技能要求开展入职培训。

针对运检老员工，目前班组内部选择第二专业和对应的师父，以"运行带检修、检修带运行"的特有方式进行"以工促学""实战代训"，逐步推进了运检一体"一岗多能"的人才培养。

一、 运检一体化的培养

提升运检人员技能素质是顺利推进运检一体化设备主人工作的基础。设备主人团队按照"缺什么补什么"的策略对员工开展培训。运检一体化的培养是设备主人成为"全科医生"的坚实基础。

1. 三个维度

通过"运维人员学检修、检修人员学运维、新员工学运检""三个维度"横向开展人员培养，实现运检人员对第双专业基础理论和现场实践经验的双提升。

（1）运维人员学检修。开展脱产轮训，分专业开展理论学习、技能实操，定期考核，最终通过鉴定使其具备检修工作负责人资质。

（2）检修人员学运维。开展运维理论、仿真和实操训练，通过鉴定使其具备运维副值资质。

（3）新员工学运检。锚定"运检全方位人才"培养目标，开展新员工运检一体化培训。培训结束通过鉴定，青年员工具备运维副值和检修工作负责人双重资质。

2. 两个阶段

通过"集中轮训阶段、实战练兵阶段"两个阶段不同层次的培养，在实践中提高运检人员技能。两个阶段结束后，运检人员应具备运维、检修双重技能和资质。

（1）集中轮训阶段。对运维、检修人员进行分组脱产，重点学习运维检修相关制度、理论知识，利用实训基地等平台开展实训，提升第二专业实力。

（2）实战练兵阶段。分批次利用检修消缺等工作锻炼运检人员，提升实战能力。

3. 一个标准

根据运检一体化实际需要和相关作业规范，制定技能鉴定标准，对运维专业、检修专业技能等级要求赋值加权，实行"理论＋实践"动态考核制，实现运检人员"带证上岗"，并动态完善运检一体化考核标准。

（1）制定变电运检人员职业能力等级标准。兼顾运维专业和检修专业要求，制定"初级运检工""中级运检工""高级运检工"共 3 个技能等级。运检人员根据自身能力现状，按照理论和实操两个科目考核成绩，最终确定技能等级。

（2）动态完善运检一体化考核标准。以国家电网公司、省公司各项规章制度为基础，结合运检一体化工作实际，按年度修订完善认定标准，并将职业能力认定评价结果作为员工岗位培训、职业发展、薪酬分配、评优评先的量化依据。

二、 变电运检工岗级

按照变电运检工应具备的资质，可将变电运检工岗级分为高级、中级、初级和实习共 4 级。

在变电运检工各级岗位资质鉴定标准正式发布后，各单位可参考变电运维副值、正值、值长资质以及变电检修工作班成员、工作负责人资质认定标准综合实施。

（1）变电运检工（高级）应同时具备变电检修工作负责人资质和变电运维正值及以上工作资质。

（2）变电运检工（中级）应同时具备变电检修工作负责人资质和变电运维副值及以上工作资质，或同时具备变电检修工作班成员资质和变电运维正值及以上工作资质。

（3）变电运检工（初级）应同时具备变电检修工作班成员资质和变电运维副值及以上工作资质。

（4）变电运检工（实习）应同时具备实际参与变电运维、检修工作跟班实习工作资质。

4.3.2　激励机制

建立健全与设备主人制相适应的绩效考评和奖惩机制。落实专项资金，提高对运检班组和设备主人绩效奖励幅度，激励设备主人立足一线、履职尽责、积极作为，并对业绩突出、成效显著的设备主人在省市县公司级优秀人才选拔中予倾斜，助推优秀设备主人成长成才。

薪点标准方面，各单位应结合实际情况做适当调整。在变电运检工培训（或见习期）期满，经考核合格上岗且实际从事变电运检工作的，可在规定的岗级薪点基础上上浮 1 个薪点，若转岗不再从事变电运检工岗位工作，则取消原薪点提升政策。

各单位可将变电运检一体化工作纳入绩效管理体系进行考核，在现有的绩效分配原则基础上，落实专项激励资金，提高变电运检班组的绩效考核系数，对于业绩优秀的变电运检班组可适当提高班组员工 A 级比例，加大对绩优班组及人员的倾斜力度。

4.3.3　其余保障

强化班组生产车辆、检测装置、工器具、仪器仪表等装备配置，着力提升班组设备主人工作的保障力度。根据班组设备主人工作开展情况和实际需求，配置相应的劳动保护防护用品。加快推进新一代变电站辅助设备监控系统建设，融合应用高清视频、机器人、在线监测等装置，强化各类设备状态数据标准化采集和集中监控，并依托智能运检管控平台开展大数据分析应用，实现设备状态智能分析、精准评价、主动预警和智能决策，进一步强化"作业机器替代、现场安全管控、设备状态管控"，着力提升设备本质安全和工作效益。在班组层面建立健全主辅设备异常信号及缺陷分析制度，提升班组运维分析水平，加强人员对设备异常状态的研判能力，综合提升设备状态管控力、运检管理穿透力和人员技术技能水平。

完善变电运检一体化培训体系，通过转岗培训、跟班实习等多种方式，强化人员技术技能水平提，并在职员职级、专家人才、劳模工匠评定工作中，优先向具备变电运检工资质的设备主人倾斜。

4.4 运检一体化设备主人集控站建设

集控站是根据电网结构、站所规模、场地条件等因素，分区域合理设置的变电站运维管理的基本业务单元，承担所辖变电站的日常管理、设备监视、运行控制、设备运维等工作，落实变电站设备全寿命周期管理职责。

运检一体化设备主人集控站是指集控站内人员具备运维、检修、监控多重资质，具备执行运维、检修、监控业务，做好设备全寿命周期管控的能力。

4.4.1 监控权移交

集控站是设备全寿命周期管理的落实机构和责任主体，是设备主人制落地的执行单元。通过全面开展设备监控职责移交、深化落实变电设备主人制等举措，建设"运、检、监"业务融合的集控站，打造一支"会运维、懂检修、能监控"的全能型运检队伍。

采用"两步走"的方式，安全有序开展变电运维模式优化及集控站试点建设工作。第一阶段，优先开展省、地调控中心变电站设备监控职责移交；第二阶段，在人员、技术支撑系统等条件满足要求，规章制度、业务流程、激励机制等保障措施完善的前提下，在省检及各地市公司逐步探索建立全面履行设备主人职责的区域型集控站。

4.4.2 集控站建设

（1）应按照确保安全、兼顾效率原则，在满足主设备、辅助设备监控的技术条件下，根据电网结构、站所规模、设备状况、场地交通等因素，分区域合理布置集控站，确保科学的管辖幅度和业务负荷，有效提升设备监控强度和管理细度。

（2）应根据实际情况，统筹考虑变电站数量、设备状况、运维半径、运维效率、人员情况等因素，科学优化运维班设置，根据实际情况差异化确定工作范围和工作负荷，确保运维质量和劳动效率有效提升。运维班组应设置在枢纽变电站或通信网络节点站。

（3）运检班组按照管辖变电站数量，分为大、中、小型，500kV、330kV、220kV、110（66）kV变电站，分别按照7.08、4.16、2.5、1.5系数折算，开关站、串补站参照同电压等级变电站进行折算。

1）大型运维班组。管辖变电站的数量在50座及以上，原则上不宜超过80座（折算后）；管辖超过1座750kV及以上变电站的运维班组。

2）中型运维班组。管辖变电站的数量在30座及以上、50座以下（折算后）；管辖1座750kV及以上变电站的运维班组。

3）小型运维班组。管辖变电站的数量在30座以下（折算后）的运维班组。

（4）监控人员实行24h不间断监盘，各时段不少于2人监控。

（5）运检班组应24h有人值班，夜间值班不少于2人，值班方式应满足日常运维和应急处置工作的需要。

1）运维班组可采用轮班制或"2＋N"值班模式，各单位根据实际情况书面明确各运维班组值班模式。

2）不具备监控条件的变电站、偏远变电站、重要枢纽变电站可因地制宜实行有人或少人驻站模式。

（6）集控站具备与调度业务联系资格的值班人员数量应满足各级调度业务管理部门相关要求。

（7）集控站应定期评估人员工作能力，根据班组实际情况，建立运维人员和监控人员定期轮岗机制，提升人员综合能力，全面提升设备管控水平。

（8）集控站、运维班组驻地生产用房应满足生产、办公、生活需求。

（9）变电站生产用房应当满足日常运维、设备检修及保电值守需求。

（10）新建变电站需设为运维班组驻地的，运维单位应书面征得上级设备管理部门批准后，在变电站可研阶段向发展策划和建设部门提出用房需求，在评审过程中统筹研究确定，随工程项目同步建设投运。

（11）运维班组应配置生产车辆和专（兼）职驾驶员，满足运维工作需要。交通条件恶劣地区的车辆应具有越野能力。500kV及以上有人值班变电站宜配置站内运维电瓶车。

（12）运维班组应按岗位配备便携式移动作业终端，实现现场作业数字化、智能化。终端配备数量应满足生产需求，并适当考虑备用。

（13）运维班组配置运行维护、带电检测等工作所需的常用工器具和仪器仪表，满足生产需求。

（14）运维班组应按照配置标准和实际需要，配足检验合格的安全防护用品和安全工器具；应配备急救箱，存放急救用品，并指定专人定期检查、补充或更换。

（15）运维班组应配置充足的防汛抗台、消防等专用应急装备与物资，建立台账，专人管理。视应急工作需要配置特种应急装备。

（16）集控站应建设集控站监控系统，符合等级保护测评及安全评估的要求，满足监视、控制、变电移动作业等业务应用需要，逐步实现变电运维业务全上线、状态管控全在线。集控站监控系统应具备以下功能。

1）具备主设备集中监控功能，实现所辖变电站一、二次设备状态监视，逐步实现一键顺控、远方投退软压板、信号复归等远方操作。

2）具备辅助设备集中监控功能，实现所辖变电站安防、消防、动力环境、网络安全等辅助设备设施实时监控。

3）具备高清视频监视和远程巡视功能，通过所辖变电站视频系统、智能巡检机器人建设和改造，全覆盖零死角布点，逐步实现变电站主辅设备在线智能巡视及辅助应急处置。

4）具备智能综合分析决策功能，实现所辖变电站设备状态在线监测、设备缺陷预警、现场安全管控等信息的汇集和研判，为设备运维、检修、评价、成本分析等提供决策支撑。

5）具备移动作业功能接口，实现变电验收、运维、检测、评价、检修业务的全覆盖。

（17）集控站监控系统应配置不间断电源，满足供电安全和持续供电时间要求。

（18）集控站及运维班组驻地站应配置通信网络，预留相关通信设备屏位及电源，满足通信需求。

（19）集控站及变电站网络带宽应满足主辅设备集中监控等业务要求，用于变电站监控、远程巡视、一键顺控、辅助判断和应急处置等业务的视频系统应满足实时性、可靠性要求。

（20）集控站及变电站通信网络，应满足移动作业、在线智能巡视、在线监测等系统与集控站监控系统数据交互要求。

（21）集控站及运维班组驻地应具备与调度直接通信及电力系统内、外部通信功能。

4.4.3　集控站职责

（1）严格执行上级各项规章制度、技术标准和工作要求，落实上级交办的工作，协助上级设备管理部门监督、检查、考核各项工作开展情况。

（2）组织对变电站的主辅设备开展监控类工作，开展网络安全告警信息监视。

（3）组织落实设备主人制，贯彻设备全寿命周期理念，开展变电设备验收、运维、检测、评价、退役和运维成本分析等工作。

（4）组织开展设备隐患排查治理，全面掌握设备运行状况，制定跟踪管控措施，实施闭环管理。

（5）接收调控中心发布的电网风险预警，针对性制定预警管控措施，并组织落实。

（6）开展变电站应急处置、事故分析等工作。

（7）编制人员培训计划，定期开展业务培训。

（8）监控人员负责集控站所辖变电站主设备、辅助设备的运行监视、远方操作、信号验收、事故处理等业务。

（9）运维人员负责所辖变电站设备检查巡视、倒闸操作、现场验收、日常维护、隐患排查、风险管控、事故异常处理和运维成本分析等业务，落实设备全寿命周期管理等工作要求。

4.5　运检一体化设备主人团队建设案例

【案例】运检一体化设备主人模式的渡×集控站

渡×集控站某日生产计划安排见表 4 - 1，其中孙××和王×参与当天监控值班，负责全站主辅设备的监控，设备事故、异常信号的分析、处理，监控值班采用"四班三倒"值班模式，每班两个人；梁×、钱××和范××参与当天运检值班，负责变电站事故、异常应急处理，日常两票和运维工作，

表4-1　渡×集控站某日生产计划安排

停役设备	工作内容	工作票/值班负责人	集控站月计划							车辆需求				作业风险	人员安排
			检	变	维	试	运	监	远	车辆种类	车辆	人数	拼车		
变电站工作内容缺陷通知单号或整定单号	运检值班（大夜班＋日班）接令、操作、许可、应急处理等	梁×	1	0	0	1	1	0	0	工程车	1	3			梁×、钱××、范××
	运检值班（小夜班）接令、操作、许可、应急处理等	蒋××	0	0	1	0	2	0	0			3			蒋××、莫××、罗×
	监控值班（大夜班：0：30　8：30）	孙××	0	0	0	0	2	0	0			2			孙××、王×
	监控值班（白班：8：30　16：30）	王××	0	0	0	0	0	2	0			2			王××、徐×
	监控值班（小夜班：16：30　24：30）	蒋××	0	0	0	0	2	0	0			2			蒋×××、赵×××
	革新变电站、解南变电站正常巡视、数据抄录，执行2021005号风险预警通知单/革新变电站月度维护	周××	0	1	0	0	1	0	0	中型客车	1	2			周×××、龚××
	阴明变电站、东光变电站正常巡视、数据抄录，执行2021005号风险预警通知单/阴明变电站月度维护/阴明变电站标签整改	王××	0	0	0	0	1	0	0			2			王×××、沈×
	轮休	茹××	1	0	0	0	5	0	0			6			茹××、黄×××、马×××、陶×××、宜×、王×

续表

停役设备	工作内容 变电站工作内容缺陷通知单号或单号定单号	工作票/值班 负责人	月计划 检	变	维	试	运	监	远	车辆需求 车辆种类	车辆	人数	拼车	作业风险	人员安排
	渡东变电站：1. 配合保信子站改造、测控装置二次回路搭接，后台监控及运动数据维护，信息核对；2. 现场核查保信子站是否直接接入站控层网络。如果是直接接入方式立即报自动化专职（根据二次安防要求，保信子站属Ⅱ区设备，应通过Ⅱ区交换机接入）	李××	0	0	0	0	0	0	1	中型客车	1	1		一级	李××、厂家
兴东IC05	富盛变电站：兴东IC05线拆除临时过流保护/单线特巡、红外测温	陈××	0	0	1	0	2	0	0			3		二级	陈××、方×、王×到岗到位
	东湖、革新、城关变电站重合闸软压板核对	张××	0	0	1	0	1	0	0			2			张××、周××
	渡东变电站长电间隔扩建工程可研初设评审	王×	0	0	0	0	1	0	0			2			王×、金××
	西湖桥：操作机器人安装、调试	范××	0	0	1	0	1	0	0			2			范××、许××

续表

停役设备	工作内容	工作票/值班负责人	月计划 集控站							车辆需求				作业风险	人员安排
			检	变	维	试	运	监	远	车辆种类	车辆	人数	拼车		
变电站工作内容缺陷通知单号或整定单号	渡东变电站综合检修准备	胡××	3	0	0	0	0	0	0			3			胡××、元××、郦××
	数字化会议/宁波	陈×	0	0	0	0	1	0	0			1			陈×
	青藤变电站施工方案编写	戚××	0	0	0	0	0	0	1			1			戚××
	变电运维青年骨干员工技能轮训系列培训班	黄××	0	0	0	0	1	0	0			1			黄××
	标签制作	柏××	0	0	0	0	1	0	0			1			柏××
	运检工作	王××	0	0	2	0	2	0	0			4			王×、谢××、陈××、陈××
	外借	杨××	0	0	0	0	2	0	0			2			杨××、徐××
	值班管理人员	胡××						0							胡××
	应急备班（晚上，在家）							0							茹××、黄××
	工作合计		5	1	7	2	26	2	2			45			
	班组共计		5	1	7	2	26	2	2			45			
	安全生产承载力分析		0	0	0	0	0	0	0						

实行"3+N"值班模式，其中"3"为运检值班人员；"N"为白班人员，负责设备运维检修和全过程管控的设备主人业务。

由表 4-1 中还可以看到，王×、金×两位人员参与渡东变电站 110kV 长电间隔扩建初设评审，凭借专业优势，集控站的设备主人已经具备了足够的技术话语权，目前集控站的设备主人团队已能全面参与项目评审、设备验收、生产计划编制、运检作业实施等各类设备主人业务。

小型运检工作最能体现运检一体化设备主人的优势，如富×变电站保护拆除工作，只需派出 2 名运检人员，通过角色转换即可完成传统模式下需要 2 两名运维人员和 2 名检修人员才能完成的工作。

第5章 运检一体化设备主人管控典型做法

5.1 工程项目管控

针对工程项目管控中，运维和检修人员业务界面和责任主体不明晰，容易形成管控盲区的情况，运检一体化设备主人始终作为投运前设备质量的责任主体，深度介入设备可研初设评审、设备投运前验收，在驻厂监造验收、到货验收、隐蔽工程验收、中间验收、竣工（预）验收等环节，从多专业角度检视设备选型、设备质量、安装方式，提前发现问题，督促相关单位完成问题整改，确保新建、改扩建工程中设备零缺陷投运，真正做到设备管理"事事有人负责、事事有人监督、事事有人闭环"。运检一体化设备主人工程项目管控如图5-1所示。

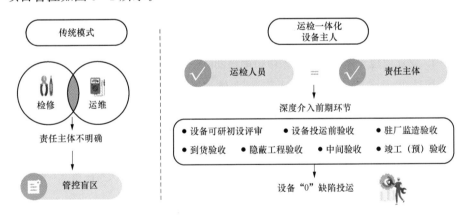

图5-1 运检一体化设备主人工程项目管控

5.1.1 编制项目需求

1. 综合评估设备运行状况

运检一体化模式下，运检人员更加贴近设备，对设备状态也更了解。运检一体化设备主人可以结合设备运行年限、缺陷隐患数量等数据，综合评估设备运行状况，班组建立大修技改项目储备库，报运检部、调控中心备案审批。

2. 班组统筹计划

运检一体化模式下制定的生产计划，相较于传统模式，具有覆盖面更广、主动性更强、平衡性更好的特点，更有利于运维检修策略精准实施。

（1）编制包含值班工作、巡视维护、运维操作、检修试验、反措消缺等全业务的运检周计划和日计划。

（2）编制后可根据班组运检人员承载力情况，兼顾员工正常休假需求，对生产计划进行平衡完善，确保生产计划刚性执行、人员工时安排合理。

5.1.2 可研初设评审

工程项目的可研初设审查环节应建立"1工程项目1设备主人"机制，明确每个工程项目责任设备主人，负责统筹做好工程项目的全过程管控，全过程参与或收集各阶段资料，及时反馈问题至相关部门或单位协调解决。运检合一模式的设备主人应融合运维、检修专业优势对可研初设进行审查。

一、 工作流程

设备主人可研初设工作流程如图5-2所示。

二、 工作开展

1. 成立运检一体化设备主人可研审查团队

传统的设备主人以运维班组为主体，对设备投运前端所需解决问题的关注主要集中在运维方面。而运检一体化设备主人在此基础上结合运维、检修两大专业技术技术力量，安排具备相关专业技能的设备

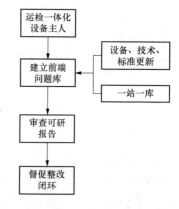

图5-2 设备主人可研初设工作流程

主人全方位、多角度参与设备可研初设评审，从源头提升设备的可靠性和稳定性。

2. 建立前端问题库

从电网安全运行、设备反措隐患治理、运维检修的便利性等角度出发，由运维、检修各个专业结合以往可研初设审查情况提供问题生成前端问题库。同时，前端问题库根据在运设备的"一站一库"中相对应的内容、相关设备、技术和标准的不断变化动态更新前端问题库。

3. 审查可研报告

运检一体化设备主人应根据《变电站设备验收规范》（国家电网企管〔2017〕1068 号）等规程规范，结合前端问题库，针对性地做好可研初设审查工作。工程项目的可研初设审查主要包括以下内容。

（1）系统部分。

1）系统接入方案。

2）短路电流计算及主要设备选择，及设备更换选择原则。

3）电气设备的绝缘配合及防止过电压措施。

4）确定电气设备及绝缘子串的防污要求。

（2）一次部分。

1）变电站电气主接线型式。

2）变电站电气主接线及主要电气设备选择原则主要参数要求。

3）确定电气设备总平面布置方案、配电装置型式及电气连接方式。

4）设备及建筑物的防雷保护方式。

5）主变压器的容量、台数、卷数、接线组别、调压方式（有载或无励磁、调压范围、分接头）及阻抗等参数。

6）无功补偿装置的总容量及分组容量、型式、连接方式。

7）选择中性点接地方式，中性点设备电气参数，对不接地系统电容电流进行评估。

8）断路器设备的选型及电气参数。

9）防误系统的具体配置，远方集控操作及电源供给要求。

10）大型设备运输方案。

11）避雷器选型及其配置情况。

12）接地系统设计方案、接地电阻控制目标值及接地装置的敷设方式。

13）站用负荷，站用电系统的接线方式、配电装置的布置，外引站用电源。

14）事故照明系统。

（3）站用交直流电源系统。

1）站用交直流一体化电源系统的结构、功能、监控范围。

2）交直流系统接线方式。

3）蓄电池及充电设备主要参数。

4）直流负荷统计及计算。

5）不停电电源系统接线配置。

（4）辅助控制系统。

1）系统联动配合方案、设备配置、传输通道、主站接口。

2）图像监视及安全警卫子系统。

3）全站图像监视、范围及摄像设备布点方案。

4）安全警戒设计。

5）火灾报警子系统结构、布线要求及主机、控制模块、联动方案。

6）环境监测子系统、结构、监测范围、传感器配置布点。

7）在线监测等其他辅助电气设施的配置及布置。

（5）土建部分。

1）站址所处位置、站址地理状况和相关交通运输条件。

2）站区地层分布、地质构造，土壤情况。

3）站外出线走廊规划、周边公共基础设施、建构筑物、地下管沟、道路、绿化设施等布置方案、站区主要出入口与站外主道路的衔接及设备运输情况。

4）主要建构筑物基础方案、型式及埋置深度、地基处理方案。

5）站区所采取的抗震烈度。

6）变电站用水解决方案。

（6）拆旧物资利用。

1）废旧物资技术鉴定报告审查，报废结论审查。

2）拆旧物资利用方案审查，转备品保管方案审查。

（7）停电实施方案。

1）大型改造过程中临时供电过渡方案审查。

2）大型改造过程中负荷转移方案审查。

3）大型改造过程与带电设备安全措施审查。

4）每一阶段需完成的工作内容，对现有系统的停电配合要求。

4. 督促整改闭环

根据可研初设报告审查情况，运检一体化设备主人提出专业性的可研初设评审意见及整治需求，对可研初设中存在的各类问题分别提出相应的整改建议，并形成书面记录反馈公司各相关职能部门，由各职能部门进行审核后，根据审核意见，积极督促设备厂家、施工单位等进行整改。整改完毕后，运检一体化设备主人对可研初设报告进行再次审查，直到所有问题全部解决，该工程项目可研初设报告方可通过，可研初设审查才可闭环。

5.1.3　工程验收

在新建变电站投产运行准备期间，运检一体化设备主人团队开展投运前验收，主要分为驻厂监造验收、出厂验收、到货验收、隐蔽工程验收、中间验收、竣工（预）验收，设备主人对每一验收环节单独组织，全面介入各环节验收过程。

一、工作流程

设备主人工程验收工作流程如图 5-3 所示。

二、工作开展

1. 成立运检一体化设备主人项目验收团队

发挥运检一体体制优势，成立运检一体化设备主人项目验收团队，团队包括运维和检修两大专业，综合两大专业优势，摒弃传统单一专业验收弊端，全方位、多角度参与项目验收各个环节。在每一验收环节，设备主人同时提出涉及运维、检修专业的个性问题，进行分析汇总，为个性问题寻找共性源头，有效掌控验收中设备问题固有规律。

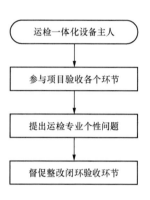

图 5-3　设备主人工程验收工作流程

2. 参与项目验收各个环节

（1）驻厂监造。运检一体化设备主人团队驻厂监造，目的在于监督和见证设备关键部件的制造工序、工艺和质量，严把设备"厂内质量关"。运检一体化设备主人关键点见证过程应当形成记录，交建设管理单位（部门）或物资部门督促整改，运检一体化设备主人保存记录并跟踪整改情况，重大问题报本单位运检部协调解决。

（2）出厂验收。运检一体化设备主人团队开展出厂验收时，对验收的过程做好验收记录，从运维和检修专业两个角度，重点检查和验收以下内容。

1）检查见证报告，见证项目是否符合合同规定。

2）检查所有附件出厂时是否按实际使用方式经过整体预装。

3）检查组部件、材料、安装结构、试验项目是否符合技术要求。

4）检查是否满足现场运行、检修要求。

5）检查制造中发现的问题是否及时得到消除。

6）检查出厂试验结果是否合格，订货合同或协议中明确增加的试验项目是否进行。

7）其他型式试验项目、特殊试验项目是否提供合格、有效的试验报告。

8）出厂验收不合格产品及整改内容未完成的产品出厂后不得进行到货签收。

（3）到货验收。运检一体化设备主人整理好到货验收的设备清单，并在开工前向建设管理单位（部门）提交，建设管理单位组织运检一体化设备主人验收团队开展到货验收工作，重点做好以下工作。

1）运检一体化设备主人验收团队参加验收过程应形成记录并保存，发现问题交建设管理单位（部门）协调督促整改，重大问题报本单位运检部协调解决。

2）运检一体化设备主人团队配合运检部工作，在必要时派员参与对大件设备、易损设备、重要设备出厂运输方案的审查。

3）主要设备到货后，运检一体化设备主人会同制造厂、运输部门三方人员应共同验收。

4）到货验收应检查运输过程是否引起货物质量的损坏，并审核设备、材料的质量证明。

5）到货后，应检查设备运输过程记录，查看包装、运输安全措施是否完好。

6）设备运抵现场后应检查确认各项记录数值是否超标。

7）设备运输应严格遵照设备技术规范和制造厂家要求，同时落实各项反措要求。

8）检查实物与供货单及供货合同一致。

9）随产品提供的产品清单、产品合格证（含组附件）、出厂试验报告、产品使用说明书（含组附件）等资料齐全完整。

（4）隐蔽工程验收。运检一体化设备主人明确需参加验收的隐蔽工程清单，并在开工前向建设管理单位（部门）提交，建设管理单位组织运检一体化设备主人验收团队开展隐蔽工程验收工作，重点做好以下工作。

1）运检一体化设备主人参加隐蔽工程验收后应形成记录并保存。发现不符合项需现场整改，直至合格后方可隐蔽。

2）隐蔽工程验收主要项目包括：①变压器（电抗器）器身检查、冷却器密封试验、密封试验；②组合电器设备封盖前检查；③高压配电装置母线（含封闭母线桥）隐蔽前检查；④站用高、低压配电装置母线隐蔽前检查；⑤直埋电缆（隐蔽前）检查；⑥屋内、外接地装置隐蔽前检查；⑦避雷针及接地引下线检查；⑧其他有必要的隐蔽性验收项目。

（5）中间验收。在运检部组织下，运检一体化设备主人验收团队开展对项目工程的中间验收。

1）中间验收分为主要建（构）筑物基础基本完成、土建交付安装前、投运前（包括电气安装调试工程）等 3 个阶段，变电工程必须开展的中间验收，与竣工（预）验收不得合并进行。

2）中间验收前，运检一体化设备主人应提醒和监督施工单位完成三级自检和监理初检。中间验收中影响电气安装的问题未整改完成前，不得进行后续安装工作。

3）运检一体化设备主人验收团队参加中间验收应形成记录并保存，发现问题交建设管理单位（部门）协调督促整改。

（6）竣工（预）验收。运检一体化设备主人验收团队配合基建部、运检部等公司各部门开展工程项目竣工（预）验收工作。运检一体化设备主人团队应该认真审查工程竣工验收的各项条件是否满足，并根据各类设备验收要求提前编制相关竣工（预）验收标准卡，验收主要内容如下。

1）工程质量管理体系及实施。

2）主设备的安装试验记录。

3）工程技术资料，包括出厂合格证及试验资料、隐蔽工程检查验收记录等。

4）抽查装置外观和仪器、仪表合格证。

5）电气试验记录。

6）现场试验检查。

7）技术监督报告及反事故措施执行情况。

8）工程生产准备情况。

3. 提出运检专业"个性问题"

运检一体化设备主人验收团队在工程验收的每个环节，根据设备实际运行中"一站一库"存在的缺陷问题,结合往年工程验收总结出的设备"共性问题",从运维和检修两个角度分别提出涉及该工程项目的两大专业的全面缺陷"个性问题"。

运检一体化设备主人验收团队将工程项目"个性问题"汇总,形成工程项目"前端问题库",并针对存在的问题提出相应的整改建议,形成书面记录反馈公司各相关职能部门,由各职能部门进行审核,并协助解决"个性问题"。

4. 督促整改闭环验收环节

根据工程项目验收"个性问题"总结形成的"前端问题库",运检一体化设备主人验收团队在每个验收环节分别提出相应的整改建议,并形成书面记录反馈公司各相关职能部门,由各职能部门进行审核后,根据审核意见,积极督促设备厂家、施工单位等进行整改。整改完毕后,运检一体化设备主人验收团队向公司相关职能部门提出复验,未按要求完成的,由设备厂家、施工单位继续整改,直到所有"个性问题"全部解决,该工程项目验收方可通过,验收环节才可闭环。

5.2 检修过程管控

常规模式下,检修人员对设备状况和运行方式不够熟悉,运维人员欠缺检修方案的编制能力,导致检修前期勘察工作关注重点不一致,造成检修方案和运维方案不匹配,增加了检修工程协调难度。同时,运维人员不具备检修工程全过程的管控技能,无法对检修安全、质量和进度进行有效管控。而运检一体化设备主人发挥专业融合特点,一方面减少了运维检修两专业重复踏勘、重复方案编制、重复评估等环节,减少了专业间沟通协调;另一方面利用专业技能严格履行安全技术监管职责,专业化监管检修作业的安全、质量和进度,确保检修工程保质保量完成。运检一体化设备主人检修过程管控如图 5-4 所示。

运检一体化设备主人对工程项目检修过程进行全过程监管,是践行变电设备全寿命周期管控的重要环节。在检修作业开展过程中,运检一体化设备主人发挥专业优势,严格履行安全技术监管职责,专业化监管检修作业的安全、进度和质量,确保检修工程安全、高质量完成。

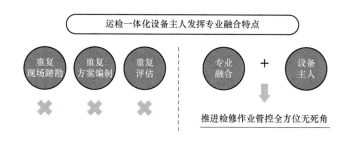

图 5-4　运检一体化设备主人检修过程管控

5.2.1　工作流程

设备主人检修过程监管工作流程如图 5-5 所示。

5.2.2　工作开展

一、　成立运检一体化设备主人检修监管团队

针对检修工程项目成立运检一体化设备主人检修监管团队，包括变电运检专家、项目经理及各专业负责人。变电运检专家为设备主人提供技术支撑，由室技术组技术骨干组成；项目经理由运检技术能力突出，组织协调能力强的设备主人担任；安全员及各专业负责人由变电运检生产部门的一线骨干组成，作为主要支撑力量，执行设备主人各项工作。设备主人监管团队如图 5-6 所示。

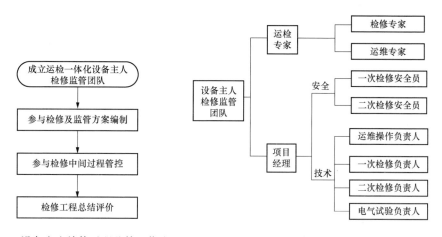

图 5-5　设备主人检修过程监管工作流程　　　图 5-6　设备主人监管团队

二、　参与检修及监管方案编制

1. 开展修前评估

检修计划确定后，设备主人团队由检修工程项目经理牵头，与专业化检修队伍共同参与变电站修前现场踏勘，设备主人对结合停电需要处理的问题，

包括"一站一库"、隐患排查，缺陷等问题进行全面梳理，形成问题清单。做好现场勘查工作的配合，全面参与检修方案的编制及评审修改，确保检修工作做到一停多用、逢停必修。

2. 编制和审定检修方案

根据现场勘察结果，结合问题清单，运检一体化设备主人（项目经理）提出检修需求，并编制停电检修计划和检修作业方案，提交主管部门，由主管部门召开综合检修协调会，审核检修单位提交的检修方案。

3. 编制监管方案

运检一体化设备主人（项目经理）根据检修方案，编制完整的各专业作业监管指导卡，监管指导卡中应明确监管重点内容、关键工序见证、痕迹化数据记录、检修质量、工作完整性、设备状态恢复等监管内容。

三、 参与中间过程管控

1. 设备主人

运检一体化设备主人（项目经理）要高效指挥，综合协调运检工作。

（1）掌握每日的两票执行情况、停电范围和工作内容。

（2）向各专业负责人及运维检修人员做好工作内容和安全交底。

（3）督促各专业安全员及各专业负责人认真履职，做好现场安全管控和检修质量管控。

（4）协调各专业工作，保证设备主人监管团队高效运转，实现对检修作业的全过程管控。

2. 检修安全员

各检修安全员要认真履职尽责。

（1）检查现场工作票的安全措施是否布置正确、全面。

（2）监督各检修人员认真执行安规，规范作业，杜绝违章作业。

（3）认真监护工作现场吊车、高架车等施工车辆的作业，提醒车辆作业人员规范操作，高空作业系好安全带。

（4）检查作业现场仪器仪表、检修工器具校验合格，符合作业要求。

3. 各专业负责人

各专业负责人认真执行设备主人角色。

（1）全面监督检修人员作业质量，尤其是检修作业关键点，做好现场见证。

（2）认真填写检修监管卡，重要数据做好痕迹化管控。

（3）工作结束之后，根据各专业工作内容，做好设备验收和确认工作，确保各专业严格按照检修方案进行，安全地完成设备缺陷、隐患、反措的治理工作。

4. 运检专家

运检专家为设备主人提供技术支撑，在检修过程中遇到问题或现场缺陷、隐患、反措等问题无法消除的情况下，运检专家给予技术分析和检修决策，确保检修设备零缺陷投入运行。

四、检修工程总结与评价

检修工程结束后，运检一体化设备主人（项目经理）及时进行检修后评估工作。项目经理组织开展检修监管复查，对已完成的检修设备开展特巡、全面巡视、带电精确检测。完成检修总结和设备主人总结，编制"回头看"重点检查内容，对检修工程完成情况及运维工作情况组织"回头看"。根据检修结果和"回头看"结果，对后续设备运行过程中需作为运检人员重点关注的问题，进行"一站一库一报告"的修订、更新，加强在运设备状态的闭环管控。

5.3　设备状态管控

运维人员在建立"一站一库"过程中，对相关专业性问题了解不深，容易导致"一站一库"的内容不够完善，据此开展的状态评价，一般仅安排针对性运维。运检一体化模式下的设备主人，实现了责任主体和专业能力的有机统一，以多专业的视角，构建完善的"一站一库"，并可根据设备运行年限、上次检修情况、设备历次发生的缺陷、存在隐患、运行过程中存在的薄弱点、未落实反措、公司专业管理新要求等信息，全方位、多专业开展设备状态评价，根据状态评价结果，实施精准运维和检修，设备状态管控更精准，运检标准执行更到位。运检一体化设备主人设备状态管控如图 5-7 所示。

5.3.1　带电检测

电力设备带电检测是运检一体化设备主人对电力设备状态评估的重要手段，其带电检测数据是运检一体化设备主人对设备状态评价的重要依据。带电检测作为设备状态检测的重要方法，可以判断运行设备是否存在缺陷，预防设备损坏，保证电力设备安全可靠运行。

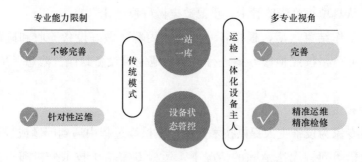

图 5-7　运检一体化设备主人设备状态管控

一、工作流程

设备主人带电检测工作流程如图 5-8 所示。

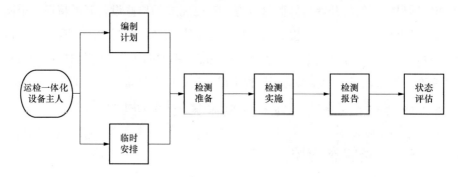

图 5-8　设备主人带电检测工作流程

二、工作开展

1. 编制计划

运检一体化设备主人每年 10 月 15 日前根据所辖设备带电检测周期要求，编制年度带电检测计划，并根据变电站类型（一类、二类、三类、四类）报省公司运检部和地市公司运检部审核，审核完毕后，根据年度检测计划，综合考虑春秋季检修、迎峰度夏（冬）、特殊时期保电等工作需要，合理安排月度检测计划，并在每月 25 日前下达次月计划。运检一体化设备主人根据运检部下达的月计划，安排日检测计划。

2. 临时安排

带电检测在以下情况时，运检一体化设备主人可以临时增加带电检测频次。

（1）在雷雨季节前和大风、暴雨、冰雪灾、沙尘暴、地震、严重寒潮、严重雾霾等恶劣天气之后。

（2）新投运的设备、对核心部件或主体进行解体性检修后重新投运的设备。

（3）高峰负荷期间或负荷有较大变化时。

（4）经受故障电流冲击、过电压等不良工况后。

（5）设备有家族性缺陷警示时。

3. 检测准备

带电检测计划下达后，运检一体化设备主人明确工作负责人、监护人与工作组成员，落实仪器、工器具，明确具体检测时间和项目。

（1）人员准备。

1）工作负责人、监护人应是具有相关工作经验，熟悉设备情况和电力安全工作规程，经本单位生产领导书面批准的人员。工作负责人还应熟悉工作班组成员的工作能力。

2）工作组成员应熟悉工作内容、工作流程，掌握安全措施，明确工作中的危险点，并履行确认手续；严格遵守安全规章制度、技术规程和劳动纪律，对自己在工作中的行为负责，互相关心工作安全，并监督本部分的执行和现场安全措施的实施；能正确使用安全工器具和劳动防护用品。

（2）工器具准备。

1）检测前一天，工作负责人应确认检测工器具是否完好、齐备，是否在校验有效期内。

2）检测工器具应指定专人保管维护，执行领用登记制度。

（3）作业卡准备。

1）检测前 2 个工作日，工作负责人完成标准作业卡的编制，突发情况可在当日开工前完成。

2）运检一体化设备主人负责审核工作。

（4）工作票准备。运检一体化设备主人完成工作票的填写，并由工作票签发人完成签发。第二种工作票在进行工作的当天预先交给工作许可人。

4. 检测实施

（1）开工前，工作负责人应做好技术交底和安全措施交底。

（2）开工后，工作负责人组织实施，做好现场安全、技术和结果控制。

（3）检测人员严格按照仪器设备操作规范、标准作业卡进行现场检测，检测现场应无杂物，使用的工器具、材料应摆放整齐有序；及时排除检测方法、检测仪器以及环境干扰问题。

（4）及时、准确记录保存试验数据、检测图谱。

5. 检测报告

（1）检测班组应在现场测试工作结束后 15 个工作日内完成检测记录（见各项目要求）的整理，录入 PMS 系统并形成检测异常分析报告。

（2）带电检测异常分析报告包括检测项目、检测日期、检测对象、检测数据、检测结论等内容。

6. 状态评估

（1）带电检测数据与历史数据比较无明显变化，带电检测过程中未发现设备异常，则认为设备状态良好。

（2）带电检测检测数据异常，在排除检测方法、检测仪器以及环境干扰问题及进行多项带电检测技术印证后，数据依然异常，运检一体化设备主人主动将异常情况上报工区设备主人专家团队，并将检测发现的异常录入 PMS 系统，纳入缺陷管理流程。

（3）对异常数据，经工区设备主人专家团队分析和诊断后，对于有可能造成设备故障的异常情况，运检一体化设备主人可以尽快安排复测。已出现重大异常时，运检一体化设备主人可以向运检部申请立即停电检查处理。

5.3.2 "一站一库" 建设

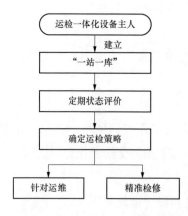

图 5-9 设备主人 "一站一库"
管控工作流程

运检一体化设备主人打破原有专业壁垒，从运维和检修两个视角全面构建设备 "一站一库"，是运检一体化建设的必然要求。"一站一库" 作为在运设备问题的 "资源库"，一定程度上可以表征设备的健康状况。通过 "一站一库"，运检一体化设备主人可以更科学的把控设备的运行状态，为精准运检提供方向。

一、 工作流程

设备主人 "一站一库" 管控工作流程如图 5-9 所示。

二、 工作开展

1. 建立"一站一库"

运检一体化设备主人完善设备状况数据库，从设备运维和检修两个角度共同构建变电站"一站一库"，具体包括以下数据。

（1）项目验收典型问题。将运检一体化设备主人团队在驻厂监造验收、到货验收、隐蔽工程验收、中间验收、竣工（预）验收各个环节遇到的典型问题进行总结归纳，形成工程项目"前端问题库"，纳入"一站一库"管控。

（2）投运后设备问题。运检一体化设备主人对投运后变电站各类设备（设施）在日常运维、现场作业、技术资料、精益化评价、隐患排查、反措专项排查、设备特殊点危险点等各类问题进行整合充实，纳入"一站一库"管控。

（3）综合检修发现的问题。变电设备根据检修周期开展综合检修，检修后运检一体化设备主人总结检修过程发现的设备缺陷、隐患等问题，因客观原因暂时没有解决的问题，纳入"一站一库"管控。

（4）专业巡视、带电检测、专项排查等发现的问题。运检一体化设备主人通过专业巡视、带电检测、专项排查等方式，将发现的缺陷、反措、隐患、精益化等问题列入"一站一库"，实现设备问题的动态更新。

2. 定期状态评价

对"一站一库"实行动态更新，定期发布阶段性设备问题清单，定期进行状态评价。

（1）结合迎峰度夏、迎峰度冬等特殊时期的负荷和自然环境特点，梳理阶段性重点跟踪管控的问题设备清单，并根据运行状况对其状态评价，评价结果用于确定运检修策略，确保重要设备、问题设备平稳运行，切实提升设备本质安全。

（2）根据设备状态评价，设备主人定期更新变电站设备问题提醒清单，实现设备主人针对运维和精准检修工作。

3. 确定运检策略

依据"一站一库"，结合带电检测数据，综合检修评估，运检一体化设备主人可以科学评估设备状态，制定精准运检策略，对设备问题精准施策，有效实现针对运维和精准检修作业。

5.3.3 监控异常信号及设备缺陷分析

变电站监控异常信号及设备缺陷分析工作作为设备状态管控的重要内容，是指根据监控异常信号及设备缺陷，结合设备台账、运行信息和历史缺陷等情况，对设备状态开展运行分析和趋势研判，查找突出问题、根源问题、常见问题，提出针对性运维管控及整治措施，并通过信号轮巡、现场跟踪等手段进行管控，必要时列入变电站现场运行专用规程修订内容。

一、 工作流程

设备主人监控异常信号及设备缺陷分析流程如图 5-10 所示。

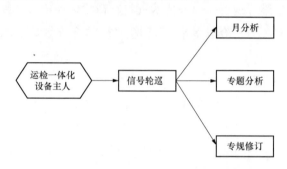

图 5-10 设备主人监控异常信号及设备缺陷分析流程

运检班组（以下简称"班组"）负责在原有月度运维综合分析基础上，开展监控异常信号及设备缺陷月度、专题分析工作，做好监控异常信号及设备缺陷的统计、汇总、复核，跟踪关键运行数据及缺陷处置情况，根据设备运行及现场消缺整治，必要时修订变电站现场运行专用规程；据此形成个性化的异常分析及处置指导手册，完善月度运维综合分析报告，制定班组层面的运维管控措施，并配合运维（检）中心开展年度、月度及专题分析。

班组值班负责人负责设备监控异常信号实时分析和处置，明确其发生原因、处置方式与处理结果，及时准确填写交接班日志。

二、 重点工作

1. 信号轮巡

（1）班组应每日开展所辖变电站的监控信号轮巡工作。

（2）班组信号轮巡人员通过变电站主设备监控系统（调度终端延伸、KVM 等）、变电站辅助设备监控系统等技术支撑系统，每日定期开展所辖变电站的设备监控异常信号的轮巡工作，并做好记录。

（3）开展轮巡工作期间，针对监控员未主动告知的设备监控异常信号，应及时告知值班监控员，并准确填写交接班日志。

2. 定期分析

定期分析按时间维度分为日统计、月分析和年分析。

（1）日统计。班组值班负责人根据监控告知及信号轮巡的结果，每日对监控异常信号及设备缺陷进行汇总统计，并做好相关记录，记录主要内容包括监控异常信号及设备缺陷的描述、发生原因、处置方式及处理结果等，无法当日处理的缺陷，要做好跟踪情况记录（为方便统计查询，可使用PMS运行值班日志在"其他工作记录"模块进行记录）。

（2）月分析。班组做好每日记录情况的统计汇总，按照缺陷、监控异常信号的类别及站所分布进行分类，并连同趋势型缺陷跟踪、同一设备或同类设备发生相同异常等情况，开展分析工作，并完善月度运维综合分析报告。运维（检）中心技术组根据各班组月度运维综合分析工作的开展情况，以及设备运行及现场消缺整治情况，开展运维（检）中心月分析。运检部或生产指挥中心针对运维（检）中心月分析资料做好审核、把关，协同相关设备专业，为运维（检）中心运维管控措施及整治措施的制定提供技术支持，进一步指导现场开展差异化、精准化巡检。

（3）年分析。运维（检）中心总结全年设备运行情况，做好年度分析工作；运检部或生产指挥中心做好统筹、把关，协同相关设备专业，做好设备运行风险分析，为精准化运检策略的制定提供技术支撑。分析工作应主要包括如下内容。

1）设备概况，按设备类型和运行年限分类统计投运和退役情况。

2）设备缺陷分布，按设备类型、型号、所属变电站和运行年限分类统计，挖掘可能存在的家族性缺陷。

3）设备监控异常信号分析，按设备类型和型号分类统计频繁告警情况，挖掘运行隐患，提出整治建议。

4）设备消缺分析，按设备类型统计缺陷发生率，结合缺陷处置，综合分析设备缺陷管理情况。

5）设备运行风险分析，分析、发现设备运行危险点，提出针对性管控措施。

3. 专题分析

专题分析是指针对监控异常信号及设备缺陷进行深度挖掘，分析设备运行安全隐患，主要包括危急缺陷、同类或家族性异常（缺陷）的专题分析等。

（1）危急缺陷。针对各单位管辖范围内设备危急缺陷，并紧急拉停的情况，生产指挥中心、运维（检）中心应配合相关设备专业开展专题分析，并编制专题分析报告，以下情况应在一周内完成编制并报送。

1）110kV 及以上主变压器、断路器、隔离开关、GIS 等主设备紧急拉停。

2）全站交流或直流失去。

3）发生保护误动、拒动。

4）其他需开展专题分析的危急缺陷。

（2）同类或家族性异常（缺陷）。在发生下述情况时，生产指挥中心、运维（检）中心应配合相关设备专业开展专题分析，并编制异常（缺陷）专题分析报告。

1）同一设备或同类设备多次出现相同异常情况。

2）其他需要开展专题分析的设备重大异常情况。

对设备缺陷和监控异常信号进行跟踪挖掘发现重大问题时，生产指挥中心应及时组织开展专题分析讨论，对设备运行产生较大影响的应及时配合运检部相关设备专业制定针对性的运维管控措施及整治措施，并编制异常（缺陷）专题分析报告。

4. 专规修订

（1）班组根据变电站监控异常信号及设备缺陷分析、现场设备缺陷及隐患的消除与整改情况，开展变电站现场运行专用规程的修订，提高专用规程的针对性和适用性。

（2）变电站现场运行专用规程补充完善内容主要包括设备运行操作注意事项、异常处理等。

5.4 运检一体化设备主人典型案例

【案例 5-1】运检一体化设备主人监控异常信号和缺陷分析

×月×日，监控系统发出"110kV××变 1 号主变压器 AVC 动作失败"

信号，当值的监控正值罗×初步分析可能有 2 个原因：①AVC 装置故障，在策略执行中发生问题；②主变压器有载分接开关本身的问题。监控员罗×通过调用 D5000 发现，当日 AVC 装置成功对并容 A252、并容 A253 进行投切操作，AVC 装置策略执行正确，本身发生故障的可能性不大。AVC 变电站控制展示模板及其操作记录分别如图 5-11 和图 5-12 所示。

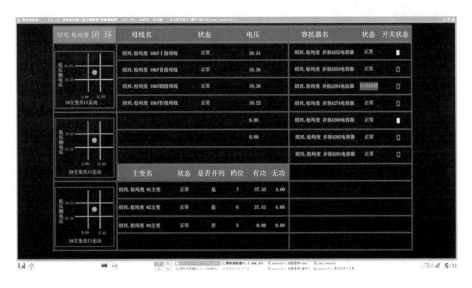

图 5-11　AVC 变电站控制展示模板

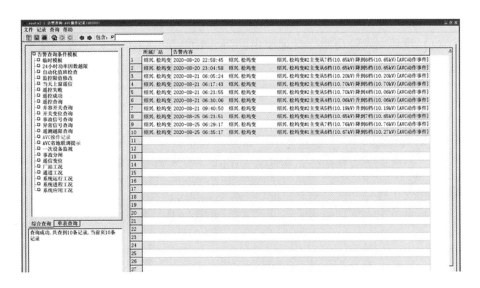

图 5-12　AVC 变电站控制展示模板操作记录

同时，罗×之前参与主变压器的综合检修，掌握了有载分接开关调挡的工作原理和常见缺陷的发生原因，通过查阅 SOE 发现，有载分接开关已经半年未动作。因此，罗×初步判断可能是主变压器有载分接开关长时间不动作发生机构卡涩导致的。该条缺陷为重要缺陷，罗×综合评估班组的应急人员

图 5-13　机构上部齿轮盒锈蚀卡死

和附近变电站作业的重要程度后，调派正在附近福全变电站开展例行巡视工作的周××、龚××完成巡视任务后，前往××变电站进行处理，并提示重点关注有载分接开关的传动机构。周××、龚××到场后，检查机构箱挡位与操作机构电源均正常；切除操作电源，手动操作后发现机构传动卡死。进一步检查后发现机构上部齿轮盒锈蚀卡死，如图 5-13 所示。运检人员对生锈部位进行清洗，加注润滑油（二硫化钼）后，有载开关调挡操作正常，缺陷消除。

【案例 5-2】运检一体化设备主人的检修监管

本例以 110kV××变电站综合检修设备主人监管方案为例，说明运检一体化设备主人的检修监管。

一、 组织机构及职责分工

1. 机构设置

（1）设备主人管理组。管理组由部门分管领导、技术组负责人、技术组专职、运检班班长组成。

（2）设备主人工作组。工作组由运检班组项目负责人、××变电站运检人员组成。

2. 职责分工

（1）设备主人管理组。负责本次 110kV××变电站综合检修项目监管实施的管理工作。

（2）设备主人管理组组长（连××）。指挥、指导现场设备主人制度落地各项工作。

（3）设备主人管理组成员（梁×、杨××）。（梁×）负责协助组长指挥、指导现场设备主人制度落地各项工作，负责指导和指挥设备主人工作组的具体工作开展；指导并具体协调现场设备主人制度现场工作开展。（杨

××）负责协助组长指挥、指导现场设备主人制度落地各项工作，统筹安排整个综合检修工程人力、物力、后勤保障工作，落实现场设备主人制度现场实施。

（4）设备主人工作组。负责实施现场综合检修全过程管控。

（5）项目负责人（王×、梁×）。负责编制设备主人监管工作实施方案，全过程参与110kV××变电站综合检修工作，并负责检修过程中与检修单位的沟通、协调工作，为本次综合检修项目班组负责人及现场设备主人制度总实施人，对陈建如负责。

（6）设备主人工作组成员（王×、马××、金×、沈×、李××）。具体执行和实施现场设备主人检修全过程管控。负责综合检修前设备特巡、红外测温、带电检测、设备状态评价工作；负责编制110kV××变电站"一站一库"报告。全过程参与110kV××变电站综合检修工作，负责检修期间项目监管及现场设备缺陷消除情况，负责检修过程中的相关资料信息收集、整理工作，根据验收清单做好设备现场验收前的书面资料验收，协助工作组负责人做好检修期间项目管控工作；负责检修后的设备特巡、红外测温、带电检测工作。

（7）运行维护工作组。负责事前危险点分析、预控方案学习，事中作业风险管控，事后风险管控总结。

（8）班组管理人员（王×）。完成综合检修工作的人力、物力、后勤保障工作；根据实际工作做好预案、预控措施编制工作，开展现场稽查；做好典票、运规更新升级工作。

（9）当值人员。做好当值各项运行管理工作，了解操作、工作内容，确保操作票、工作票、状态交接卡正确，对接地点全程控制，倒闸操作、工作许可按相关制度、规范及标准进行。

二、检修概况

为具体的历史检修情况，本次停电时间、范围和检修情况，因具体变电站而异，此处不做说明。

三、项目全过程管控

根据变电设备主人制实施相关要求，编制具体管控内容，细化工作项目及工作要求并落实到具体责任人，保证逐项工作的有序、稳步开展，实现设备主人对检修项目的全过程管控，具体工作安排进度如下。

1. 监管前期准备工作

前期准备阶段的工作重点是：①通过现场踏勘对可能出现的风险进行评估和预控；②组织设备全面会诊和信息收集，对设备进行全面评价；③对综合检修方案提出设备主人审核意见；④综合检修设备主人方案编制定稿；⑤组织全员综合学习培训，熟悉掌握设备设备主人工作方案，风险预控措施。

监管前期准备工作见表5-1。

表5-1 监管前期准备工作

序号	时间	责任人	参与人	关键事件	管控工作项目要求
1	7月30日	陈××	连××/陈××/梁×	组织构建	成立110kV××变电站综合检修项目设备主人管理小组，明确责任分工
2	8月2日	梁×	梁×	现场踏勘	现场勘察，对设备进行梳理，针对危险点制定有效的隔离、警示、个人防护等措施
3	8月3日	梁×	梁×	设备评价	全面收集设备台账信息，检修和检测信息、缺陷、隐患、反措、精益化评价信息，编制一站一库报告
4	8月4日	陈××	王×	检修方案审核	审核《110kV××变电站综合检修方案》
5	8月4日	陈××	连××/梁×	方案定稿	对编制的110kV××变电站综合检修设备主人监管方案审核、定稿
6	8月5日	陈××	梁×	协调会议	组织110kV××变电站综合检修设备主人监管方案实施协调会议
7	8月5日	梁×	全员	综合培训	组织学习110kV××变电站综合检修设备主人监管方案，熟悉检修方案内容，明确各任务时间节点及各人的工作分工，熟悉过程管控内容、项目见证内容、设备验收项目内容
8	8月6日	梁×	全员	操作勘察	现场操作准备，完成现场安全、操作工器具、照明电源、车辆、接地线准备，接地线悬挂位置确定，现场设备熟悉，检修安措布置现场查看

前期准备阶段的工作重点是参与综合检修方案的讨论、制定；通过现场踏勘对可能出现的风险进行评估和预控，制定有效的安全围栏隔离措施；组织设备主人专家团队全面会诊设备和精确带电检测；综合检修设备主人方案编制定稿；组织全员综合学习培训，熟悉掌握综合检修项目监管工作方案，风险预控措施。

2. 检修过程监管

检修各作业面监管实施安排见表 5 - 2。

表 5 - 2　　　　　　　　　　检修各作业面监管实施安排

序号	作业面名称	工作内容	检修时间	安全监督人/检修监管人	验收负责人
1	进场检测作业面	1. 工器具、检修人员进场； 2. 设备、图纸、整定单核对； 3. 盐密度绝缘子取一点测量 （具体见作业面方案）	8月6日	胡××/陈××	王×/梁×
2	1号主变压器两侧及110kVⅠ段母线作业面	1.1号主变压器C级检修、例行试验，保护测控装置定校及精度校验（包括1号主变压器二侧、中性点设备）； 2. 东云1421断路器、电流互感器、线路电压互感器、线路避雷器C级检修、例行试验，开关机构机械特性试验测试，断路器操作回路、测控装置定校及精度校验，断路器防跳装置排查检测； 3.110kV桥开关C级检修、例行试验，开关机构机械特性试验测试，断路器操作回路、测控装置定校及精度校验，断路器防跳装置排查检测； 4.110kVⅠ段母线电压互感器C级检修，例行试验 （具体见作业面方案）	8月9—10日	胡××/王×	莫××/陈×

序号	作业面名称	工作内容	检修时间	安全监督人/检修监管人	验收负责人
3	10kVⅠ段母线及相关馈线作业面	1. 1号主变压器10kV断路器、电流互感器C级检修，例行试验，开关手车触头检查、清扫、对位，保护测控装置定校及精度校验； 2. 10kV母分开关、电流互感器C级检修，例行试验，开关手车触头检查、清扫、对位，保护测控装置定校及精度校验； 3. 迪洲9511、航鹭9512、龙骧9513、迪创9514、世茂9515、富申9519、迪中9520、绍兴港9521、财源9522、嘉禾9523、御景9524、天际9525断路器、电流互感器C级检修，例行试验，开关手车触头检查、清扫、对位，保护测控装置定校及精度校验，消弧接地选线系统、出线电缆屏蔽接地、应力锥检查整改； 4. 并容9517、并容9518断路器、电流互感器、电容器闸刀、电缆、避雷器、放电电压互感器、阻尼器、电抗器及电容器C级检修，例行试验，手车开关触头检查、清扫、对位，保护测控装置定校及精度校验； 5. 消弧9516断路器、电流互感器、电缆、消弧线圈（包括有载开关及电流互感器）、消弧闸刀、中心点电压互感器、中心点避雷器、阻尼器及接地变（1号所变压器）C级检修，例行试验，开关手车触头检查、清扫、对位，保护测控装置定校及精度校验，1号站用电屏上相关控制回路的继电器定校； 6. 10kVⅠ段母线电压互感器、避雷器及消谐电阻C级检修，例行试验，电压互感器高压熔丝检查，手车触头检查、清扫、对位 （具体见作业面方案）	8月10日	胡××/马××	莫××/陈×

序号	作业面名称	工作内容	检修时间	安全监督人/检修监管人	验收负责人
4	2 号主变压器两侧及 110kV Ⅱ段母线作业面	1.2 号主变压器 C 级检修、例行试验，保护测控装置定校及精度校验（包括 2 号主变压器二侧、中性点设备）； 2. 港迪 1150 断路器、电流互感器、线路电压互感器、线路避雷器 C 级检修、例行试验，开关机构机械特性试验测试，断路器操作回路、测控装置定校及精度校验，断路器防跳装置排查检测； 3.110kV 桥开关Ⅱ段母线侧电流互感器 C 级检修、例行试验； 4.110kV Ⅱ段母线电压互感器 C 级检修，例行试验 （具体见作业面方案）	8 月 12—13 日	胡××/王×	莫××/陈×
5	10kV Ⅱ段母线及相关馈线作业面	1.2 号主变压器 10kV Ⅱ段母线开关、Ⅲ段母线开关、电流互感器 C 级检修，例行试验，开关手车触头检查、清扫、对位，保护测控装置定校及精度校验； 2.2 号主变压器 10kV 独立触头 C 级检修，例行试验，手车触头检查、清扫、对位； 3.10kV 母分独立触头 C 级检修，例行试验。触头检查、清扫、对位； 4. 名苑 9527、荡央 9528、华庭 9529、公园 9530、好望 9531、迪西 9532、阳光 9534、荡意 9536、迪财 9537、商业 9538、五云桥 9539、迪龙 9540 断路器、电流互感器 C 级检修，例行试验，开关手车触头检查、清扫、对位，保护测控装置定校及精度校验，消弧接地选线系统、出线电缆屏蔽接地、应力锥检查整改；			

续表

序号	作业面名称	工作内容	检修时间	安全监督人/检修监管人	验收负责人
5	10kVⅡ段母线及相关馈线作业面	5. 并容 9533、并容 9535 断路器、电流互感器、电容器闸刀、电缆、避雷器、放电电压互感器、阻尼器、电抗器及电容器 C 级检修，例行试验，保护测控装置定校及精度校验； 6. 消弧 9526 断路器、电流互感器、电缆、消弧线圈（包括有载开关及电流互感器）、消弧闸刀、中心点电压互感器、中心点避雷器、阻尼器及接地变压器（2 号所变压器）C 级检修，例行试验，开关手车触头检查、清扫、对位，保护测控装置定校及精度校验，2 号站用电相关控制回路的继电器定校； 7. 10kVⅡ段母线电压互感器、避雷器及消谐电阻 C 级检修，例行试验，电压互感器高压熔丝检查，手车触头检查、清扫、对位 （具体见作业面方案）	8月13日	胡××/马××	莫××/陈×

检修各作业面监管措施主要体现在施工过程安全监管和检修项目监管两方面，由设备主人工作组负责。

设备主人应告知检修总负责人需监管的项目内容，在现场检修项目实施时，设备主人持各作业面监管卡，核对各作业面施工过程行为、检修项目实施情况，确认后设备主人和工作负责人分别签名确认。设备主人工作组应在设备验收前整理项目完成情况，反馈给总负责人，确认不存在影响设备投运的遗留问题，为设备验收提供过程验收依据。

3. 监管复查总结

复查总结阶段工作重点在于对已完成的检修设备开展全面巡视、带电精确检测,将复查结果汇总给设备主人管理组,评估设备检修质量及运行状况,并做好设备主人现场实施经验总结,完成综合检修设备主人制度闭环工作。综合检修监管复查总结见表 5 - 3。

表 5 - 3 综合检修监管复查总结

序号	时间	责任人	项目	管控工作项目要求
1	8 月 9—13 日	梁×	设备特巡	做好检修设备的特巡、测温工作,安排 3 次特巡,包括 1 次夜巡,安排重点设备红外测温
2	8 月 21 日	王×	设备会诊	根据全面巡视结果进行评估设备检修质量及运行状况,将结果汇总给设备主人管理组
3	8 月 23 日	梁×	经验总结	总结设备主人工作经验,整理遗留问题

4. 检修过程管控措施

检修过程管控分为检修工作管控和设备主人管控两部分。过程管控流程如图 5 - 14 所示。

(1) 检修工作管控。检修工作管控主要为倒闸操作、工作许可、设备状态验收、工作终结等方面,由运行维护工作组负责。

(2) 设备主人管控。设备主人管控措施主要体现在施工行为及危险点防范措施监管、检修项目关键点见证两方面,由设备主人工作组负责。

5. 施工行为及危险点防范措施监管

设备主人持现场施工管控,根据每日开工、收工管控职责以及工作当天实际作业面危险点防范措施,检查施工现场防范措施落实情况和文明施工情况。主要职责如下。

(1) 检修人员进入生产区域后劳动防护用品是否穿戴整齐,是否正确佩戴安全帽,必须做好相应的防疫措施。

(2) 工作现场安全措施是否满足要求,是否有改动。

(3) 工作现场防火工作落实情况,消防设施是否齐备,专责监护人是否已到位。

(4) 大型器械施工位置是否满足安全要求,是否具备专人指挥。

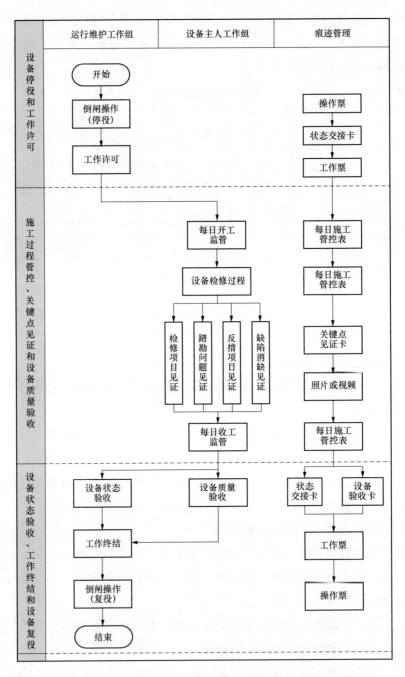

图 5-14　过程管控流程

（5）开工现场工器具是否按指定位置存放。

（6）现场易漂浮物固定措施是否落实。

（7）加强检修设备巡视，督查检修人员是否存在违章行为。

（8）加强施工现场的卫生监督，特别是对现场的饭盒等垃圾进行集中处理，严禁随意存放。

（9）对现场吸游烟的现象进行监督，严禁在施工现场吸烟。

（10）收工孔洞封堵情况。

（11）收工现场安全措施是否完备、齐整，如有因工作需要，允许临时变动的，应在收工时进行恢复。

（12）收工现场卫生情况，做到工完料尽场地清。

（13）收工现场工器具的整理情况，防止在设备上遗留工器具。

6. 施工项目关键点监管

施工项目关键点监管的目的是为了对技改、大修、反措、设备消缺项目实施情况进行见证，确证项目实施情况，以便检修人员全过程掌握项目实施进度及完成情况。监管的重点内容如下。

（1）检修过程中发现的设备异常、隐患、缺陷（不通过停电检修难以在日常检修巡视过程中发现的问题，比如回路尤其是电流回路绝缘降低、隔离开关连杆及转动部件卡涩或损坏裂纹、断路器及隔离开关辅助触点异常、试验数据异常等）。

（2）检修过程中发现的检修工作不到位情况，未按照检修作业指导书严格执行作业内容及工序工艺，检修内容不全面、检修质量不过关（如端子箱未清扫、发热缺陷处理不到位、封堵不到位、防腐不到位、反措落实不到位、精益化整治不到位等）。

（3）抓住重点项目，比如开关防跳、三相不一致功能验证及保护传动，隔离开关分合试验，发热等缺陷处理过程，微水、直阻等试验数据是否合格，主变压器消防回路改造等专业管理要求是否落实等。

监管过程中，设备主人主动拍摄、收集设备缺陷处理前后照片。每日收工后设备主人工作组参与检修当天站班会，了解当天工作内容和主要危险点，告知检修工作负责人当天工作需见证的项目内容。在现场检修项目实施时，检修工作负责人通知设备主人现场见证，设备主人工作组持关键点监管卡与检修工作负责人一起核对见证项目实施情况，并在关键点监管卡上做好记录、签名。

7. 设备检修项目验收

设备检修项目验收流程如图 5-15 所示。

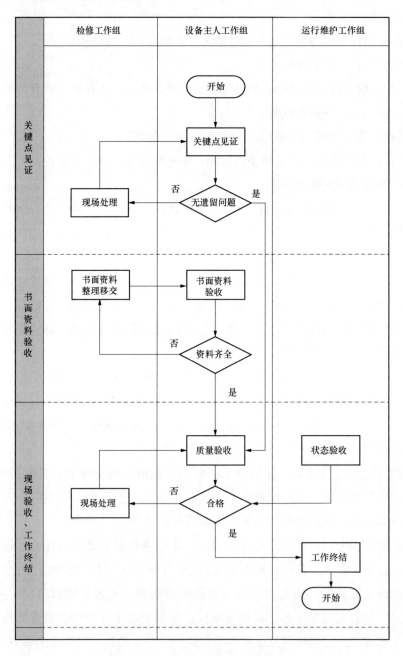

图 5-15 设备检修项目验收流程

检修设备验收分为以下 3 个步骤。

（1）关键点见证。设备主人工作组整理关键点见证卡，应无影响设备复役的遗留问题。

（2）书面资料验收。检修人员先开展自验收工作，设备检修质量自验收合格后，将由工作负责人审核签字的作业自验收资料和有试验数据合格结论的设备试验报告提交给设备主人工作组，作为设备提交验收的前置条件，书面资料收集齐全拍照留档后进行现场验收。

（3）现场验收。现场验收包括质量验收和状态验收，质量验收由设备主人工作组根据监管卡完成，状态验收由运行维护工作组根据状态验收卡完成。

8. 设备主人培训

利用此次综合检修机会，对变电检修室青年员工开展设备主人相关理念和业务培训。

（1）设备主人制宣贯。在综合检修工程开始前，对青年员工进行设备主人制宣贯，促进青年员工观念转变，加深对设备主人制的理解和把握，强化设备主人意识。

（2）检修项目监管培训。通过检修项目监管培训，让设备主人掌握检修项目监管重点，了解检修项目关键点，提高现场监管的效率和质量。同时，以点带面，带动广大青年员工加强对检修项目监管工作的认识，不断提高业务水平。

9. 典型设备设备主人监管卡

（1）主变压器间隔检修作业监管卡。110kV××变电站设备主人团队检修现场监管卡样式如下。

110kV××变电站设备主人团队检修现场监管卡

检修委托单位：＿＿＿＿＿＿＿＿＿　　检修间隔：1号主变压器间隔　　检修单位：＿＿＿＿＿＿＿＿＿＿　　日期：＿＿＿＿＿＿＿

检修工作负责人：＿＿＿＿＿＿＿＿　　监管团队负责人：＿＿＿＿＿＿＿＿＿　　监管团队成员：＿＿＿＿＿＿＿＿＿＿＿

工作票编号：＿＿＿＿＿＿＿＿＿　　监管作业面编号及工作内容：＿＿＿＿＿＿＿＿＿＿＿＿＿＿＿＿＿＿＿

监管大类	序号	监管项目	监管要求	监管方式	监管结论	执行人/时间	备注
一次设备质量监管	1	变压器本体（油浸式）1号主变压器	1. 外观。设备本体出厂铭牌齐全、运行编号标识、相序标识信息清晰可识别；套管油位指示正常、绝缘子、法兰无开裂、无放电、严重电晕和电腐蚀现象	现场检查			
			2. 铁心及夹件绝缘。绝缘电阻进行试验；铁心及夹件应分别引出线及分别标识，运行中应能测量				
			3. 温度计。温度计防雨措施完好、温度计表盘指示与监控误差不超过5K				
			4. 储油柜。油位清晰可见、内部无油垢、油位指示符合"油温－油位曲线"	查证记录			
			5. 本体及分接开关吸湿器。油封完好、呼吸畅通、连通管整洁无堵塞，受潮变色不超过2/3				
			6. 阀门。主变压器各部件阀门（塞子）的状态检查				
			7. 锈蚀及渗漏。本体及组件金属部位无明显锈蚀；本体、套管及组件正负压区无渗漏油				

续表

监管大类	序号	监管项目	监管要求	监管方式	监管结论	执行人/时间	备注
一次设备质量监管	1	变压器本体（油浸式）1号主变压器	8. 本体端子箱。端子箱接地、二次接地，箱门与箱体连接良好；加热器、温控器工作正常，设定正确	现场检查旁证记录			
			9. 例行试验。直流电阻、绝缘电阻、绕阻连同套管的介质损耗因数、油中溶解气体分析、绝缘油例行试验；套管电容量和介质损耗				
			10. 套管。套管本体无温度异常，抱箍及线夹无裂纹现象，无铜铝过渡装线夹、引线无散胶、扭曲、断股现象；金属法兰与套件诱装部位黏合牢固；套管末屏是否恢复正常、检查变压器冷却系统运行正常，套管线夹及引线螺丝紧固；套管油位检查、套管接头接触电阻检测、油泵、风扇，套管TA二次接线盒开盖检查、清扫				
			11. 分接开关。油位清晰、准确、正常				
			12. 反措执行情况。绕组变形测试				
			13. 冷却器系统。电源控制箱内部检查、清扫				
			14. 例行试验报告（数据）监管			试验人： 监管人： 试验时间：	

变电运检一体化设备主人建设培训教材

续表

监管大类	序号	监管项目	监管要求	监管方式	监管结论	执行人/时间	备注
一次设备质量监管	2	隔离开关（1号主变压器110kV中性点接地刀）	1. 外观。设备本体出厂铭牌齐全、运行编号标识、相序标识、分合闸等位置信息清晰可识别 2. 线夹及引线。线夹及引线螺丝紧固，朝上30～90°安装时应加打排水孔 3. 绝缘子。表面清洁，无破损、裂纹、法兰开裂 4. 导电回路。闸刀动静触头是否清洗、是否使用凡士林林润滑。闸刀传动部位是否除锈、润滑，是否进行试操作3次及以上 5. 传动。检查隔离开关转动部位，导电部位清洁并涂有相应的润滑脂、导电脂 6. 机构箱。操作机构内部检查、清扫、内部元器件检查及接线螺丝紧固（抽查）。电机行程开关动作可靠 7. 反措执行情况。回路电阻测试、防水层检查、电机电源检查、闭锁检查、主拐臂检查 8. 例行试验报告（数据）监管	现场检查 旁证记录		试验人： 监管人： 试验时间：	

102

续表

监管大类	序号	监管项目	监管要求	监管方式	监管结论	执行人/时间	备注
一次设备质量监管	3	避雷器（1号主变压器、110kV中性点避雷器）	1. 外观。设备本体出厂铭牌齐全、运行编号标识、相序标识等信息清晰可识别 2. 避雷器均压环是否破损、滴水孔、避雷器喷口封板应齐全，避雷器底座内部杂物清理 3. 反措执行情况。全电流和阻性电流测试	现场检查 旁证记录			
			4. 例行试验报告（数据）监管			试验人： 监管： 试验时间：	
二次设备质量监管	4	装置元件试验	1. 微机保护电源是否更换 2. 工作后确认保护定值是否与整定单核对 3. 工作后确认保护背板、端子排螺丝紧固	现场核实			
	5	绝缘测试	1. 控制回路、电流电压回路对地绝缘（检查试验报告） 2. 非电量回路应接点间绝缘要求达到10MΩ 3. 电压回路绝缘测试后立即恢复N600连接、电流回路绝缘测试后立即回路一点接地	现场核实 目测检查			
	6	二次回路接线检查及螺丝紧固	电缆标牌完整、正确，光纤回路名称及编号应规范正确 保护屏、端子箱、机构箱的连接线应牢固，可靠，无松脱、折断；一个端子最多并接两芯，不同规格的电缆严禁接在同一端子；端子排螺丝均应紧固并压紧可靠；接地点应连接牢固且接地良好（抽查形式开展）	现场核实 目测检查			

续表

监管大类	序号	监管项目	监管要求	监管方式	监管结论	执行人/时间	备注
二次设备质量监管	7	装置、端子排清扫	装置、端子排清洁，无受潮、积尘	目测检查			
问题处理情况监管	8	缺陷、隐患、反措	1. 1号主变压器10kV进线桥架未进行防爆整治	检查核实			
			2. 1号主变压器命名牌使用胶水黏贴、容易腐蚀				
			3. 结合大修检查1号主变压器二次电缆，需符合浙电技监字〔2008〕17号文要求				
			4. 1号主变压器10kV进线桥热缩检查				
			5. 气体继电器检查更换				
	9	试验情况	1. 二次设备模拟动作试验、装置动作正确，信号正常	现场核实			
			2. 二次设备带开关传动试验、动作正常，信号正常				
			3. 自动化遥信、遥测、遥控信息核对正确	目测检查			
资料数据监管	10	资料	1. 设备台账资料齐全				
			2. 新设备验收资料齐全（按国网《验收标准卡》要求查阅资料）、操作、运维工器具移交，运行操作注意事项交待	现场核实			
其他	1	存在问题					

监管结论（反措、缺陷处理及遗留问题说明）：

工作负责人：　　　　　　　　　　设备主人监管团队负责人：　　　　　　　　　工作许可人：

（2）桥开关间隔检修作业监管卡。110kV××变电站设备主人团队检修现场监管卡样式如下。

110kV××变电站设备主人团队检修现场监管卡

检修委托单位：＿＿＿＿＿　　检修间隔：＿＿＿＿＿　　检修单位：＿＿＿＿＿

检修工作负责人：＿＿＿＿＿　　监管团队负责人：＿＿＿＿＿　　日期：＿＿＿＿＿

工作票编号：＿＿＿＿＿　　监管团队成员：＿＿＿＿＿

监管作业面编号及工作内容：＿＿＿＿＿

监管大类	序号	监管项目	监管要求	监管方式	监管结论	执行人/时间	备注
一次设备质量监管	1	110kV桥组合开关电器	1. 外观。设备出厂铭牌齐全、清晰可识别；运行编号齐全、清晰可识别；相序标志正确、清晰可识别	现场检查旁证记录			
			2. 壳体、连接法兰、连接螺栓无锈蚀、无油漆变色、脱落现象；波纹管、支架无锈蚀或变形				
			3. 接地引下线无锈蚀、无松动、无脱落				
			4. 均压环无锈蚀、无变形、无破损				
			5. 盆式绝缘子外沿颜色标志清晰、正确，且无裂纹或破损，可有效分辨通盆和隔盆				
			6. 高压引线及端子板连接处无松动、无变形、无开裂现象，无异常发热现象				
			7. 金属法兰与瓷件胶装部位粘合应牢固，防水胶应完好				
			8. 绝缘子是否清扫干净，伞群有无塌陷变形、表面有无击穿、黏接界面牢固				
			9. 本体及支架无异物、无倾斜、无错位				
			10. SF6密度继电器外观无破损、无渗漏，压力指示正常（压力允许范围内），SF6密度继电器与本体连接的阀门应处于开启位置。户外SF6密度继电器防雨罩设置合理、无破损				

105

续表

监管大类	序号	监管项目	监管要求	监管方式	监管结论	执行人/时间	备注
一次设备质量监管	2	例行试验	1. 分合闸线圈试验报告				
			2. 导电回路电阻测量报告				
			3. 机械特性				
			4. SF₆气体				
			5. 例行试验报告（数据）监管		试验人：监管人：试验时间：		
	3	操动机构	1. 外观。分合闸位置指示清晰正确；汇控柜箱门密封良好，无变形、无锈蚀箱内无水迹				
			2. 动作计数器应能正常计数（允许三相计数不一致）；弹簧机构无锈蚀、无裂纹、无断裂、缓冲器无渗漏，储能指示正常、电机运行正常、外壳无锈蚀				
			3. 传动连杆及其他外露零件无锈蚀、连接紧固				
			4. 二次接线无松动、无损坏；汇控箱内二次元器件外观完好、标识牌齐全正确				
			5. 机构箱内端子排无锈蚀，二次电缆绝缘层无变色、老化、损坏，电缆号头、走向标示牌无缺失。机构箱、汇控箱内有完善的驱潮防潮措施，能正常启动，箱内无凝露现象				
			6. "远方/就地" "合闸/分闸" 控制把手外观无异常，操作功能正常				
			7. 辅助开关转动灵活、接点到位，功能正常				

续表

监管大类	序号	监管项目	监管要求	监管方式	监管结论	执行人/时间	备注
二次设备质量监管	4	装置元件试验	1. 国产微机保护电源是否已更换				
			2. 工作后确认保护定值是否与整定单核对	现场核实			
			3. 工作后确认保护背板、端子排螺丝紧固				
			4. 工作后清除装置内历史事件记录				
	5	绝缘测试	1. 控制回路、电流回路电压回路对地绝缘要求达到 10MΩ	现场核实			
			2. 非电量回路应测试接点间绝缘（检查试验报告）	目测检查			
			3. 电压回路绝缘测试立即恢复 N600 连接、电流回路绝缘测试后立即回路一点接地				
	6	二次回路接线检查及螺丝紧固	1. 电缆标牌完整、正确、光纤回路名称及编号应规范正确	现场核实			
			2. 保护屏、端子箱、机构箱的连接线应牢固、可靠、无松脱、折断；一个端子最多接两芯，不同规格的电缆严禁接在同一端子；端子排螺丝均紧固并压接牢固；接地点应连接牢固目接地良好（抽查形式开展）	目测检查			
	7	防跳继电器检查	1. 检查开关防跳功能是否正常	现场核实			
			2. 排查防跳功能实现方式	目测检查			
	8	装置、端子排清扫	装置、端子排清洁，无受潮、积尘	目测检查			

续表

监管大类	序号	监管项目	监管要求	监管方式	监管结论	执行人/时间	备注
资料数据监管	9	试验情况	1. 试验数据经公司运检部设备专职确认符合规程要求	现场核实			
			2. 二次设备模拟动作试验，装置动作正确、信号正常				
			3. 二次设备带开关传动试验、动作正常、信号正常				
			4. 自动化遥信、遥测、遥控信息核对正确	目测检查			
	10	资料	1. 设备台账资料齐全	现场核实			
			2. 新设备验收资料齐全（按国网《验收标准卡》要求查阅资料）、操作、运维工器具移交、运行操作注意事项交待				
问题处理情况监管	11	缺陷、隐患		检查核实			
	12	其他	存在问题				

监管结论（反措、缺陷处理及遗留问题说明）：

工作负责人：　　　　　设备主人监管团队负责人：

工作许可人：

第6章 智能运检在运检一体化设备主人建设中的应用

智能运检技术的应用是解放人力、解放效能的基础。通过大力推进"机器替代",推动设备多维度状态超感控,探索智能运检提升新模式,可以让更多的人员和精力投入到设备全寿命周期管控和设备状态全过程管控等"全科医生"业务中去,有效提升设备管理细度,拓展设备主人业务范畴。同时,更多的人员和资源投入,也能更好地推动智能运检技术向更深、更细、更广、更专的领域和方向去落地,与设备主人工作形成良性循环互促互进的关系。

1. 机器替代,深化智能巡检机器人应用

机器人的完善升级和实用化,可以释放更多人力资源和精力,有效实现机器替代的目的,为运检人员聚焦设备主人工作提供了强有力支撑。

(1) 充分发挥运检一体化设备主人专业分析能力强的优势,与厂家人员成立联合攻关工作组,优化后台软件算法,建立多维运检数据分析模型,提升机器人对海量运维数据的分析处理、智能诊断及趋势预测能力。

(2) 逐站实现机器人巡检点位全覆盖,在开展设备巡视、红外测温、表计抄录等常规业务的基础上,逐步开展异常设备跟踪、故障应急响应等拓展业务,减少运检人员简单重复劳动的强度及疏漏。

2. 全面感知,推动设备多维度状态超感控

运检一体化设备主人利用多专业管理优势,以变电集控站建设为依托,以辅控2.0系统为抓手,以数据融合与控制为手段,实现了设备状态全面感知,提高了设备精细化管控能力。

(1) 顾好"面子"。充分发挥工业视频远程巡视及应急功能,提升变电站安防消防管控能力,加强二次设备压板监测系统应用,为变电站的安全管控、设备检修、智能巡检等提供更为直接、可靠、全面的手段。

(2) 兼顾"里子"。集控站全面监视主设备异常告警信息及运行工况,实时获取温湿度、开关柜触头温度、SF$_6$浓度等环境监测数据，深化油色谱分析、宽频域监测、主变压器震动等各类在线监测系统的应用，全天候监视设备内部关键指标数据，提升设备内部健康状态的感知能力。

（3）多维联动。建立主—辅设备、辅—辅设备在线智能联动的集控站监控系统，探索完善符合现场实际的控制策略，达到一处异动、处处联动、综合诊断、策略控制、随动调整的效果，实现对变电站主辅系统信息数据的可看、可测、可控、可调，达到状态管控全在线的目的。

3. 百尺竿头，探索智能运检提升新模式

借助"大云物移"智链信息技术和电力技术的融合发展，运检一体化设备主人向技术要效益，积极探索更高效更有价值的智能运检新业务模式，不断向智能运检业务无人区挺进。

（1）探索无人机在设备运检中的实效化应用。试点无人机空中作业，对变电站内构架、避雷针等高处设备进行平视近距离可见光＋红外巡检，后续会继续探索无人机与机器人、工业视频协同配合的立体巡检作业，实现变电站全视角、无盲区精益化巡检。

（2）继续深挖机器人运检替代潜力。加大现有智能巡检机器人声纹判断、锈蚀趋势预测等高级应用的攻关力度，推动 GIS 设备拆装智能辅助机器人、开关柜倒闸操作机器人等新型机器人实用化的有效落地。

（3）建立多元融合的电网业务管控体系。贯通并整合电网各类系统实时和非实时运行数据，引入北斗定位、智能手持终端以及其他先进的信息网络技术手段，在保证安全的前提下，逐步推动电网业务向设备监控黑屏化、生产指挥智能化、人员设备在线化、作业进度可视化的方向变革。

6.1 变电站主辅设备监控系统应用

变电站主辅设备监控系统是智能运检技术的重要组成部分，运检一体化设备主人应充分应用变电站主辅设备监控系统和各项智能运检技术，加强和规范变电站主辅设备缺陷及监控异常信息分析管理，提升主辅设备异常状态的研判与处置能力。

6.1.1 工作流程

运检一体化设备主人主辅设备监控系统应用流程如图 6-1 所示。

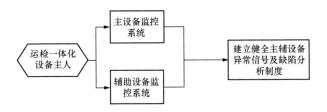

图 6-1　运检一体化设备主人主辅设备监控系统应用流程

6.1.2　工作开展

1. 深化变电站主设备监控系统应用

设备主人应充分利用变电站内后台监控系统、二次设备状态监测系统（即压板状态监测系统），及主变压器油色谱、局放、容性设备等在线监测系统，提升设备状态的感知能力。主要包括以下内容。

（1）深化后台监控数据的应用，在巡检、操作中关注后台变化情况，掌握设备的运行状态。

（2）加强二次设备监测系统的应用，逐步实现变电站压板状态巡视的机器替代，并将此纳入日常巡视工作。

（3）深化各类在线监测系统的应用。在班组中心站安装在线监测系统客户端，将在线监测系统的查看纳入日常巡视工作。当设备遭遇不良工况时，实时调取在线监测系统信息，辅助判断设备的运行状态。

2. 深化变电站辅助设备监控系统应用

设备主人应充分利用变电站原有辅助系统，包括图像监视系统、安全警卫系统、火灾报警系统、门禁系统、照明控制以及环境监控系统。强化工业视频的布点，深化工业视频的应用，发挥工业视频在远程巡视、远程应急等情况下的作用。融合智能运检、智能联动机制等技术，实现对变电站视频、环境、安防、消防等辅助系统信息数据的可看、可测、可控、可调，提高变电站运检管理工作效率。实现辅控系统的精益化管理，同时也为变电站的安全防范、设备检修、智能巡检等提供更为可靠、直接、全面的手段。

3. 建立健全主辅设备异常信号及缺陷分析制度

通过对变电站主辅设备监控系统的深化应用，结合设备台账、运行信息和历史缺陷等情况，对主辅设备状态开展运行分析和趋势研判，查找突出问题、根源问题、常见问题，结合运检专业技术力量优势，在班组层面建立健全主辅设备异常信号及缺陷分析制度，将分析研判情况生成专家库，从而提升班组运检分析水平，加强人员对设备异常状态的研判能力，综合提升设备状态管控力、运检管理穿透力和人员技术技能水平，实现设备状态智能分析、精准评价、主动预警和智能决策。

6.2 智能机器人应用

传统变电站巡检、操作主要依赖人工，存在诸多难点，主要体现在受限制条件多、巡检质量分散、手段单一、效率有限等。同时，人员薪资也不断增长。随着电网智能化发展，人工巡检、操作无法满足电网建设需求，急需人工替代。智能巡检、操作机器人能有效降低劳动强度和变电站运维成本，提高巡检数据和操作过程质量，通过技术创新提高变电站智能化水平。

智能机器人是智能运检技术的重要组成部分，通过机器人替代运维人员低效的巡视、测温和表计抄录等运维工作，建立人机协同的运维工作模式，明确人机分工与原则，在确保工作质量前提基础上，提升日常运维工作效率，以更多的人员和精力投入到设备全寿命周期管理和设备状态全过程管控等"全科医生"业务，不断拓展运维专业业务范畴。

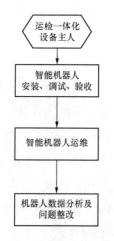

图6-2 运检一体化设备主人智能巡检机器人应用流程

6.2.1 工作流程

运检一体化设备主人智能巡检机器人应用流程如图6-2所示。

6.2.2 工作开展

1. 智能巡检机器人安装、调试、验收

运检一体化设备主人根据巡检工作需求，深度参与智能巡检机器人的安装和调试工作，实现功能和巡检需求的匹配性。运检一体化设备主人根据《变电站智能机器人巡检系统验收规范》，对技术资料完整性、信息安全指标、性能指标、机器人监控系统应用、施工质量、售后服务、巡检覆盖率和表计数字识别率等内容进行验收，实现全过程动态跟踪，设备全方位掌控。

2. 智能巡检机器人运维

根据《变电站智能机器人巡检系统运维规范》（Q/GDW 11516—2016）的要求，设备主人对智能巡检机器人的运维工作主要包括以下内容。

（1）3 天一次按照《智能巡检例行巡视标准化作业卡》完成智能巡检系统检查及智能巡检报表的下载、审核、归档工作。智能巡检报表包括户外机器人可将光巡检报表、户外机器人红外测温巡检报表、继保室机器人巡检报表、开关室机器人巡检报表、视频补强可见光巡检报表、视频补强红外测温巡检报表 6 类报表。

（2）对巡检报表中的异常数据进分析、确认，如智能巡检误告警则将相关数据进行记录；如设备确有异常则立即去现场进行核对确认。

（3）对巡检结果中的音频数据及充油设备高清图片进行抽查，确认设备运行状况。

（4）对跟踪巡视的数据进行分析、确认，并查看历史趋势图，判断设备有无严重趋势。

（5）每月或根据要求对巡检报表中的 SF_6 压力值、避雷器动作次数、泄漏电流值进行抄录并核对，对拍摄模糊、识别错误、漏采的数据进行现场补录。完成五通标准化作业卡中月度数据抄录卡。

（6）每天交接班时按照《智能巡检系统交接标准化作业卡》对系统运行状况进行交接检查。

（7）每月一次按照《智能巡检系统维护标准化作业卡》对智能巡检相关设备进行巡视、维护，发现问题应汇报班组管理人员。

（8）每季度一次按照《智能巡检数据核查标准化作业卡》对智能巡检各类巡检报表中的数据进行核查，检查有无漏检、识别错误、拍摄偏移等问题并进行记录。

（9）配合智能巡检厂家进行故障处理、点位补录等工作。

（10）人工例行巡视周期调整为 15 天一次，在原有巡视内容的基础上，重点对目前智能巡检功能不够完善的渗漏油、异音异味等巡视项目加强巡视。并对机器人巡视道路畅通情况进行巡视。

3. 巡检数据分析及问题整改

运检一体化设备主人按巡检周期、按设备运行情况，定期对智能巡检的数据分析结果进行研究，对数据进行深度挖掘，实现对设备异常的提前预知并采取对应措施。

对于智能巡检报表错误、设备故障、点位漏采等情况，按照发现问题、分析问题、制定方案、测试验收、解决问题的流程联系厂家人员整改处理，实现全流程的闭环。

6.3 无人机巡检

无人机巡检是智能运检技术的重要组成部分，运检一体化设备主人通过无人机高空拍摄设备照片，是在巡检机器人和主辅设备监控系统的基础上，对站内设备状态数据进行补充采集，进一步强化"作业机器替代、现场安全管控、设备状态管控"，着力提升设备本质安全和工作效率效益。

6.3.1 工作流程

运检一体化设备主人无人机巡检工作流程如图 6-3 所示。

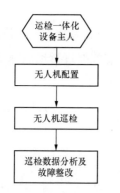

图 6-3 运检一体化设备主人无人机巡检工作流程

6.3.2 工作开展

1. 无人机配置

运检一体化设备主人根据巡检工作需求，结合当地环境和设备特点，在巡检前从以下几个方面开展对无人机巡检的配置。

（1）通用配置。

（2）无人直升机巡检系统专用配置。

（3）固定翼无人机巡检系统专用配置。

（4）综合保障设备。

（5）人员配置。

（6）特殊环境配置。

2. 无人机巡检

无人机巡检流程如图 6-4 所示。

3. 巡检数据分析及问题整改

（1）巡检作业完成后，巡检数据至少经 1 名人员核对，数据处理包括备份、汇总、分析等。

（2）巡检作业完成后，作业人员应填写无人机巡检系统使用记录单，交

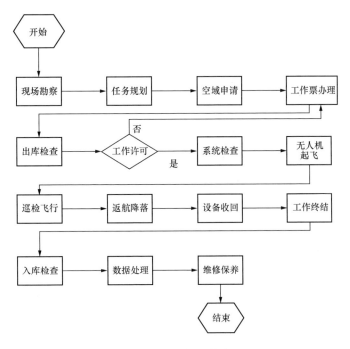

图 6 - 4　无人机巡检流程

由工作负责人签字确认后方可移交至运行维护单位。

（3）对于疑似但无法判定的缺陷，运行维护单位应及时核实。

（4）运检一体化设备主人按巡检周期、按设备运行情况，定期对无人机巡检的数据分析结果进行研究，对数据进行深度挖掘，实现对设备异常的提前预知并采取对应措施。

（5）对于无人机巡检设备故障、特殊工况等情况，按照发现问题、分析问题、制定方案、测试验收、解决问题的流程联系厂家人员整改处理，实现全流程的闭环。

6.4　智能运检技术应用案例

辅控系统 2.0，机器人、无人机巡检系统主要包含采集服务、视频服务、应用服务、数据存储 4 部分。采集服务主要包括数据管理和通信网关两大部分。数据管理主要是对机器人采集的遥测、遥信实时数据进行管理；通信网关主要是对通信管理，对并机器人、无人机采集的数据进行规约解析。

视频监控配置范围区域为变电站主控室、二次设备室、高压室、电缆层、电容器室、独立通信室等室内设备场景情况，另外对变电站大门、进站道路、主控楼门窗等重要区域的安全情况进行视频监视，对变电站重要设备外观运行状态的视频监视主要有断路器、敞开式隔离开关的分、合状态，变压器油位等。

智能视频监控将部署图像智能分析服务器，能够对变电站所有的仪表进行全部的、准确的监控；要求系统能根据视频图像进行智能分析，实时获得变电站内每个仪表的读数，对仪表读数超过警戒值的，系统智能报警；能够实现对变电站断路器、隔离开关的分合指示牌进行智能分析，判断设备的分合状态，并将分析结果上传信息一体化平台。

高空巡检无人机、地面巡检机器人、高清视频及在线监测系统的协同配合，构建了立体巡检作业模式，实现变电站全视角、无盲区"全面感知"。

【案例 6-1】新一代变电站辅助设备监控系统

一、系统概况

1. 建设背景

根据国家电网公司输变电设备物联网建设的相关要求，结合国网浙江电力"电力物联网技术变电运维领域深化应用方案"，为实现智能运检技术与变电业务深度结合，推进变电站设备监控业务职责移交，实现主辅设备监控系统数据共享及智能联动，实现运维模式优化与集控站建设，提升智能运检技术实用化水平，按照强化"作业机器替代、现场安全管控、设备状态管控"三大业务应用场景的原则完成了新一代变电站辅助设备监控系统开发及上线应用。

辅助设备监控系统建设遵循以下要求。

（1）实现省级独立部署。

（2）系统部署网络在信息管理大区（信息Ⅳ）。

（3）主站系统部署在浙电云上。

（4）架构设计具备扩展性和前瞻性。

（5）便于后续电力物联网变电相关业务的扩展。

2. 建设目标

（1）构建基于感知层、网络层、平台层和应用层的变电设备物联网总体架构，形成一体化布局。

（2）形成变电设备物联网关键核心标准，研究物联网关键技术，形成标准和技术的双轮驱动。

（3）推动物联网在变电领域多场景广泛应用，努力开创"设备安全可靠、管理精益高效、价值共建共享"的电网设备管理新格局。

3. 系统架构

变电站辅助设备监控系统架构如图 6-5 所示。

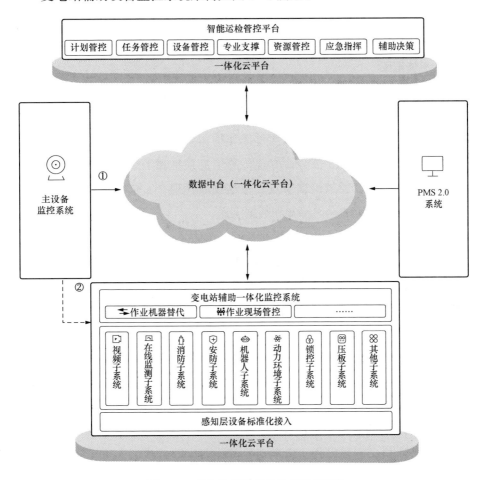

图 6-5　变电站辅助设备监控系统架构

具体来说，变电站辅助设备监控系统包括如下内容。

（1）在变电站辅助设备监控方面，建设具有"终端泛在接入、平台开放共享、数据驱动业务、应用随需定制"等特征的变电站物联网综合应用系统，提高设备的状态管控力，推动设备巡视、倒闸操作、作业管控等工作向更智能、更高效、更安全转变。

（2）采用智能运检管控平台，为外部系统提供统一的数据服务，支撑智能运检管控平台的业务应用。

（3）系统位于电力综合数据网（Ⅳ区），部署于浙电云上，对海量数据存储、计算、加工后存储至数据中台。

（4）通过主设备监控系统、PMS2.0，获取主设备变位信息、台账、两票、缺陷等业务数据，实现多数据融合应用。

二、 系统架构

1. 总体框架

构建基于感知层、网络层、平台层和应用层的变电设备物联网总体架构，形成一体化布局。变电物联网总体框架如图6-6所示。

（1）感知层。感知层是物联网整体架构体系的基础，分为传感器层、数据汇聚层与边缘计算层3部分，实现传感信息采集和汇聚。通过规约转换装置采集设备状态量，通过汇聚节点、边缘物联代理、安全防护装置，实现变电站设备和运行环境的全面感知和数据上送。

（2）网络层。网络层由电力无线专网、电力APN通道、电力光纤网等通信通道及相关网络设备组成，接驳感知层和平台层，为变电设备物联网提供高可靠、高安全、高带宽的数据传输通道。

（3）平台层。平台层将网络内海量的信息资源通过计算力整合成一个互联互通的大型网络，平台层数据中台通过对物联网边缘计算算法进行远程配置，实现多源异构物联网数据的开放式接入和海量数据存储。

（4）应用层。应用层以变电运检业务为导向，利用变电站感知设备采集的数据，充分融合PMS2.0、主设备监控系统、智能运检管控平台等系统的各类数据，实现辅助监视、辅助控制、告警推送、智能联动等辅助设备监控，变电站设备巡检、倒闸操作、定期切换等作业机器替代，人员车辆、工作许可、作业过程、工作终结等作业现场管控，实现变电运检业务机器替代，提质增效，强化管控。

2. 部署架构

变电站辅助设备监控系统实现"一级部署、四层应用"，即系统在省公司侧一级部署，在省公司、地市公司、运维站和变电站四层应用。系统总体部署架构如图6-7所示。

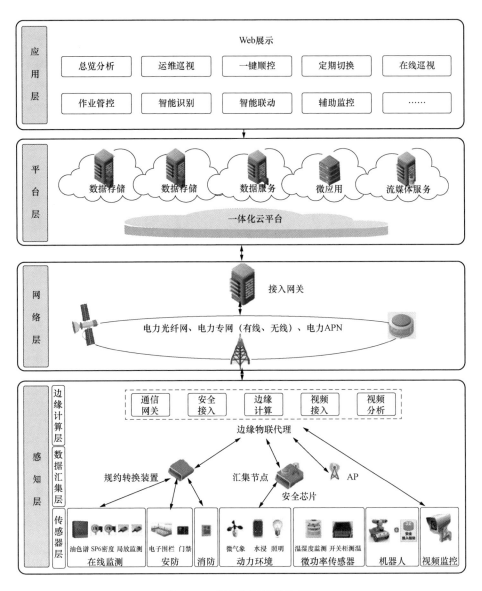

图 6-6　变电物联网总体框架

变电站层主要部署在线监测、安防、消防、视频、动力环境、机器人等各类智能感知设备，配置汇集控制器（含安全芯片）、规约转换装置（CMU）、安全接入微型平台、视频监控单元（NVR 或 DVR）、辅助网关机（AMC）、边缘计算服务器、视频服务器、视频分析服务器等接入设备，以及子站工作站等用户交互设备，实现变电站层数据采集、安全防护、标准化接入、站内交互界面展示等功能。

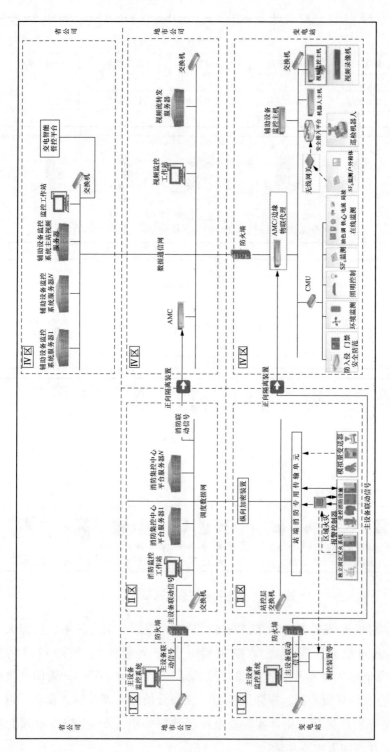

图 6 - 7 系统总体部署架构

省公司层主要在浙电云上部署接入网关服务器、数据库服务器、视频管理服务器、应用服务器、程序微化服务器等设备,实现主站系统数据集中存储、检索、挖掘、使用等功能。

3. 业务架构

系统业务架构如图 6-8 所示。以变电运检业务为导向,利用变电站感知设备采集的数据,实现变电站设备巡视、倒闸操作、定期切换、在线巡视等作业机器替代,人员车辆、工作许可、作业过程、工作终结等作业现场管控,实现主设备状态感知,达成变电运检业务机器替代,提质增效,强化管控。

以视频监控为基础,协同消防监视、安防监控、动力环境、主设备在线监测、防误管控、机器人巡检,实现辅助监视、辅助控制、告警推送、智能联动等辅助设备监控,实现变电运维业务专业管理。

三、 建设情况

1. 改造提升

2010 年,上线变电在线监测系统,目前已接入 1520 座变电站(截至 2020 年 8 月);2015 年,上线辅控 1.0 平台,目前已接入 518 座变电站截至 2020 年 8 月);2019 年,在 1.0 平台基础上进行重造和深化,建成了辅控系统 2.0,同时集成了变电在线监测系统、机器人巡检功能。后续计划完成 337 座 1.0 迁移站点和 180 座智能化提升站点。

目前在全省推广如实时监控、视频监控、告警监控一些基础功能,在不断完善一键顺控、SF_6 压力在线检测等功能,在新开发如联合巡检、三维变电站等功能。

2. 中台演进

贯彻落实国家电网公司数字化转型工作要求,依托电网资源业务中台建设,立足变电设备智能管控应用场景和业务需求,推进辅控系统 2.0 的中台化演进和改造,支撑新一代设备智能管控系统建设及业务中台主动预警场景的快速、灵活构建。

一方面,辅控系统作为源端系统,按照电网资源业务中台的模型标准和数据存储要求进行设备类、量测类、测点类数据接入,实现数据在业务中台同源共享;另一方面,辅控系统从业务中台获取所需的业务数据,实现模型统一、业务融合、标准规范的中台化数据管理。

121

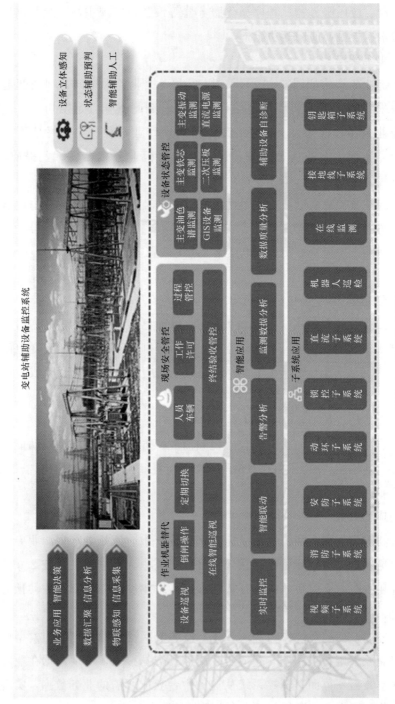

图 6 - 8 系统业务架构

四、 主要功能

1. 管理层

管理层根据管理和监控角色的实际使用需求，对所有信息进行整合，分层分级展示不同内容。管理首页主要实现各地市区块图展示、变电站接入情况、辅助设备接入情况、设备告警情况、设备工况情况，对变电专业设备建设情况快速了解。

2. 运维班首页

运维班首页主要以变电站集中展示方式，实现站内设备、告警总览，供班组人员对辖内变电站告警事件进行全盘监控。根据不同告警等级展示对应告警情况，结合视频监控、智能策略等对告警设备进行快速处置。

3. 实时监控

通过平面图、光字牌、告警窗、视频联动多种方式进行变电站运行环境实时监控。当站内发生预警、异常、火灾、暴雨等情况，通过智能联动策略，启用视频监控、灯光、环境监控等设备设施，立体呈现现场的运行情况和环境数据，实现设备状态感知、协同控制。

4. 作业机器替代

（1）图像智能识别技术。通过视频轮巡、视频质量诊断、运维巡视等功能，将图像智能识别技术应用于变电站设备设施巡检，按照既定的巡视路线进行配置，自动生成巡视报表，部分覆盖户内外设备，提升巡检效率，降低巡检成本。采用图像识别技术，实现变电站内典型设备缺陷，如分合闸、主变压器油温表、油位计、SF_6 压力表等表计读数类巡视，外观锈蚀、表面油污、表盘破损、裂纹等设备外观类巡视，烟火、挂空悬浮物、安全帽、车牌、人脸以及视频偏色、模糊等识别。

（2）一键顺控视频联动。采用"位置遥信＋遥测"双确认机制，辅控系统接收主设备监控系统信号，联动设备附近监控视频，实时查看断路器、隔离开关顺控操作是否到位，同时结合图像识别技术，将顺控结果返送主设备监控系统，替代传统操作中的人工现场确认。

（3）定期切换。为了保证电力系统运行设备的完好性，检查备用设备的可靠性，对照明系统、通风系统、排水系统、蓄电池电压内阻、SF_6 压力监测、室内 SF_6 含氧仪检查、避雷器动作次数及泄漏电流等，定期、定项、定量进行人工切换，通过设备改造、打通数据壁垒等技术手段，替代完成大部分切换及日常工作。

5. 现场安全管控

(1) 运维看板。从上往下分级管理，从下往上汇总数据，以变电站为基础单位，统计当日各类作业总量、违章越界告警量、各类操作、工作、巡视等作业进度，从总数、趋势中掌握每个变电站现场作业情况。

(2) 任务管控主站。以运维班为管控中心，与各站点进行二种工作票远程许可流程，根据作业内容、起始时间、关联人员车辆，下发站点进出站时间段、现场的虚拟安措和锁控开放工作范围；实现工作负责人远程工作许可唱票时逐条确认票面注意事项、工作内容及工作地点，引导工作成员按规范要求作业。

(3) 任务管控子站。任务起始时在子站远程唱票确认工作内容，过程中远程管控流程节点，终结时确认验收及清场。

(4) 任务管控轨迹。工作终结后查看任务内产生的各类轨迹，记录人员从进门开始到终结任务时的实际到达地点、作业过程信息、违章抓拍记录，通过记录信息生成最终报告。

(5) 过程管控。通过平面图方式直观地展示各个工作区的虚拟安措布置状态，调用摄像头及喊话喇叭对现场行为进行提醒，对越界行为进行记录，有效实现对站内作业安全的有效管理；通过作业视频跟踪快速定位作业区域视频，提高远程监管的效率。

(6) 消息中心。以工作票任务为主线追溯，关联轨迹，串联进出站、进出区域、到点到位、越界告警等相关视频、照片、信息记录数据，提供事后对作业任务进行审查的追溯依据。

6. 设备状态管控

(1) 在线监测。在不影响设备正常运行前提下，自动对设备工作时的状况连续或定时进行监测，实时掌握变电站各类一次设备的健康状态、监测装置的报警情况。主要包括主变压器油色谱监测、铁心电流监测、绕组变形、主变压器振动、GIS 设备 SF_6 压力监测、电流互感器宽频域监测等。

(2) SF_6 压力监测。针对 GIS 设备压力表日常巡视存在的问题，通过 SF_6 压力在线监测装置，实现对各个气室 SF_6 压力、温度在线采集，结合专业设定的额定、报警阈值，及时推送报警信号，提醒运维人员及时处理。

(3) 二次压板监测。二次压板监测实现保护屏内压板状态监测、变位记录监测、投退表管理、一键状态巡检及检修任务设置。实时推送压板告警信息，便于运维人员及时处理异常信息。

（4）直流电源监测。直流及蓄电池监测实现直流屏相关信号数据监视及蓄电池组运行状态监视，通过蓄电池远程核对性放电、蓄电池远程内阻测试等在运维班远方遥控操作，实现日常蓄电池电压、内阻数值抄录机器替代。

7. 智能锁控

智能锁控系统由锁控控制器、电子钥匙、锁具组成，实现变电站各类锁具的"一匙"开启，替代各类传统机械锁具和钥匙的同时，具有开锁权限远程化控制、开锁记录数据化存储、开锁流程信息化管理等功能。

8. 接地线管控

通过可视化图形的方式直观地展示变电站内接地线的位置分布和运行状态。通过对接地线进行实时监控，对接地线借用进行记录，实现对站内接地线设备的有效管理。

9. 钥匙箱管控

将单机运行的防误钥匙箱系统接入辅控系统，通过辅控系统的网络通道，将防误钥匙箱系统相应数据采集上送至辅控平台进行统一管理，实现防误解锁钥匙和记录功能。

10. 变电站接入率

按不同电压等级、单位实现变电站辅控系统标准化改造接入情况统计分析，统计结果主要包括已改造变电站和未改造变电站的数量，并以图表和表格形式进行展示。

11. 辅助设备统计

主要实现变电站各种辅助设备类型的统计分析，以图表的形式展示辅助设备的数量分析情况和占比情况。

12. 告警统计分析

主要实现各类告警信息的统计汇总，包括变电站的告警数量分布、辅助设备的告警数量分布和每月的告警数量分布等。

【案例 6 - 2】智能操作机器人

变电站智能操作机器人在浙江省电力公司部分 110kV 变电站投入使用，可进一步保障变电站无人运维，同时提升设备主人对于设备的管控力度。

该型机器人主要面向 10kV、20kV 开关柜设备，开关柜布置如图 6 - 9 所示。变电站智能操作机器人配备了多传感数据融合室内导航技术、3D 视觉高精度避障系统、基于立体视觉的目标定位和站姿估计、高机械刚度的半解耦式操作头，使其成为运行人员的"眼、耳、手、足"。能够完成电气设备巡检、开关柜倒闸等流程操作、突发情况下的紧急分闸操作等功能，全业务操作均可通过控制平台完成。

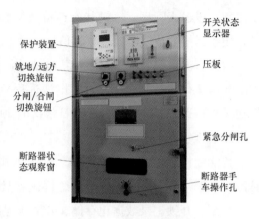

图 6-9 开关柜布置图

机器人用于替代操作人员完成开关柜的操作与巡检任务，主要包括以下内容：①断路器紧急机械分闸；②日常倒合闸任务，常用的两种倒闸任务是冷热备用互相切换，包括旋钮切换和断路器手车的摇进/摇出等；③其他操作功能，如保护装置按键并拍照、按钮操作以及开窗操作（水平移动方式）等；④开关柜及室内环境的日常巡检工作。

一、功能介绍

智能操作机器人的功能可以分为三大类，见表 6-1。

表 6-1　　　　　　　　　　智能操作机器人的功能

功能模块	功能名称	具体说明
操作功能	智能识别	可完成开关柜操作前的状态识别，包括保护装置指示灯状态、显示面板状态、远方/就地旋钮状态、断路器本体机械状态
	开关柜操作	可完成断路器紧急机械分闸，开关柜"冷备用""热备用"状态的切换操作，包括就地/远方旋钮操作和断路器手车摇进/摇出操作，保护装置按键操作并拍照上传，按钮操作以及窗户移动操作等
	遥操作	采用遥控操作或自主操作模式，机器人具备后台远程操作和本地遥控操作的功能，或者通过自主定位、自主识别、自主控制实现操作功能

续表

功能模块	功能名称	具体说明
基础功能	机器人自检	机器人关键部件发生故障时，均能在本地监控后台、机器人本体上以明显的声光进行报警提示，并能上传故障信息；根据报警提示，能直接确定故障的部件
	信息交换与网络通信	1. 机器人能与后台系统进行双向信息交互，信息交互内容包括检测数据和机器人本体状态数据； 2. 系统具备通信告警功能，在通信中断、接收的报文内容异常等情况下，应本地报警同时上送告警信息
	安全防护	1. 防碰撞机器人在行走过程中如遇到障碍物能及时停止，在全自主模式下障碍物移除后能恢复行走； 2. 防跌落机器人具备防跌落功能，在行走过程中如遇到下行台阶、坑洞、悬空等机器人无法通过场景能及时停止
	报警	1. 机器人本体故障报警； 2. 巡检结果异常告警； 3. 通信异常告警
	自主充电	机器人具有自主充电功能，能够与充电设备配合完成自主充电，电池电量不足时能够自动返回充电
巡检功能	智能巡检	配备可见光摄像机、红外热成像仪、局部放电传感器、声音采集、环境量采集等检测设备，并能将所采集的视频、声音和数据上传至监控后台。 可选巡检模式包括以下 4 种： 1. 全面巡检，对所要检测的所有设备和环境进行全项检测； 2. 定制巡检，根据设备、检测项的各种检测需求，设置定制化检测； 3. 定点检测，当检测到某一设备的检测数据出现异常时，可对该点进行重点检测，以便于确认异常情况； 4. 手动检测，由后台监控人员远程遥控智能巡检机器人，根据智能巡检机器人的作业流程，进行手动巡检作业
	局放检测	采用特高频传感器，能对开关柜的局部放电现象进行检测

续表

功能模块	功能名称	具体说明
巡检功能	表计识别	具备对指针式仪表和数字式仪表读数的识别功能，识别仪表准确率大于95%，针对同一设备的所有识别数据及图像统一保存在该设备目录下，包括各类仪表的数据读取、断路器的分合状态、旋钮状态、压板状态、指示灯状态等
	红外测温	具备采集设备表面的温度，通过分析软件实时提取区间内测量点的温度数值，对热缺陷进行自动分析判断并发出预警

二、 智能操作机器人的组成

智能操作机器人的组成如图6-10所示。

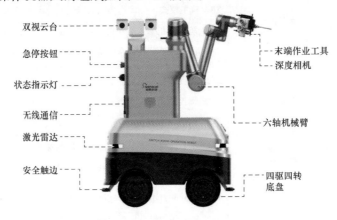

图 6-10　智能操作机器人的组成

智能操作机器人配置集成化的操作工具，包含工具快换装置（自动切换）、紧急分闸工具（根据柜型定制）、旋钮操作工具（二指夹）、手车操作工具、按键操作工具、末端精准定位相机等。智能操作机器人操作工具实物及示意图分别如图6-11和图6-12所示。

图 6-11　智能操作机器人操作工具实物

图 6-12　智能操作机器人操作工具示意图

三、 智能操作机器人控制后台

设备主人可以在后台对智能操作机器人进行实时控制，发布任务指令，可实现实时监控、机器人控制、末端工具控制、任务管理、台账管理、数据报表导出等功能。智能操作机器人后台控制主页面如图 6-13 所示。

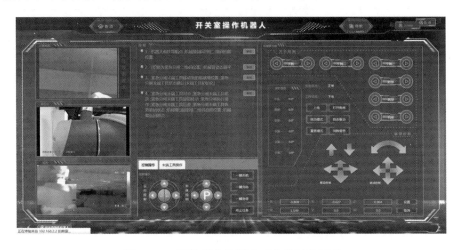

图 6-13　智能操作机器人后台控制主页面

四、 型操作流程

1. 馈线间隔由冷备用改为热备用

馈线间隔由冷备用改为热备用操作步骤见表 6-2。

表 6-2　　　　　　　　馈线间隔由冷备用改为热备用操作步骤

步骤	操作项目
1	机器人根据操作任务指令到达相应馈线柜
2	识别柜上二维码与线路名确认操作柜，并人为确认
3	识别手车位置、断路器机械指示分位及显示面板指示灯状态，确认处于冷备用状态，并人为确认
4	识别保护装置遥信分位及显示面板指示灯状态，确认处于分闸位置，并人为确认
5	识别就地/远方旋钮状态，确认为远方，并人为确认
6	移动机械臂到旋钮操作就绪位置，切换旋钮操作工具，微调工具夹紧旋钮，切换至就地状态及识别确认，并人为确认
7	移动机械臂到手车操作就绪位置，切换手车操作工具，微调工具打开挡片并插入套筒，摇出手车至冷备用状态
8	识别手车位置及显示面板指示灯状态，确认处于冷备用状态，并人为确认

2. 出线间隔由热备用改为冷备用

出线间隔由热备用改为冷备用操作步骤见表 6-3。

表 6-3   出线间隔由热备用改为冷备用操作步骤

步骤	操作项目
1	机器人根据操作任务指令到达相应馈线柜
2	识别柜上二维码与线路名，确认操作柜，并人为确认
3	识别手车位置、断路器机械指示分位及显示面板指示灯状态，确认处于热备用状态，并人为确认
4	识别保护装置遥信分位及显示面板指示灯状态，确认处于分闸位置，并人为确认
5	移动机械臂到手车操作就绪位置，切换手车操作工具，微调工具打开挡片并插入套筒，摇进手车至热备用状态
6	识别手车位置及显示面板指示灯状态，确认处于热备用状态，并人为确认
7	移动机械臂到旋钮操作就绪位置，切换旋钮操作工具，微调工具夹紧旋钮，切换至远方状态
8	识别就地/远方旋钮状态，确认为远方，并人为确认

操作步骤中"就地/远方"切换把手与开关手车摇孔位置如图 6-14 所示。

3. 机械紧急分闸

机器人紧急分闸操作如图 6-15 所示。机械紧急分闸操作步骤见表 6-4。

图 6-14   "就地/远方"切换把手与开
关手车摇孔位置

图 6-15 机器人紧急分闸操作

步骤	操作项目
1	机器人根据操作任务指令到达相应馈线柜
2	识别柜上二维码与线路名确认操作柜，并人为确认
3	识别保护装置遥信合位、断路器机械指示合位及显示面板指示灯状态，确认处于合闸位置，并人为确认
4	移动机械臂到紧急分闸孔操作就绪位置，切换顶针工具，微调工具插入紧急分闸孔直到操作分闸按钮完成
5	识别保护装置遥信分位、断路器机械指示分位及显示面板指示灯状态，确认处于分闸位置，并人为确认

表 6 - 4　　　　　　　　机械紧急分闸操作步骤

【案例 6 - 3】电网资产实物 ID 应用平台

一、系统概况

1. 建设背景

2018 年 2 月，《电网资产统一身份编码建设推广实施方案》（国家电网安质〔2018〕62 号）明确要求"2019 年，完成 27 家省公司主网 14 类头赋码，10％以上存量设备标签制作安装，同步推进专业深化应用和跨专业大数据分析"，浙江公司作为推广单位之一，需要借鉴 6 家试点单位的工作经验，全面推进跨专业大数据分析应用。

电网资产实物 ID 应用平台的定位是为公司战略决策层与资产管理者的资产管理和决策业务行业提供系统功能及数据服务支撑，加强资产全寿命周期数据与业务的智能融合和闭环管理。

2. 建设目标

以实物 ID 为纽带，应用物联网、大数据等技术，汇集资产全寿命周期全业务、全过程数据，构建"电网资产实物 ID 应用平台"，实现资产信息全景展示，资产管理关键环节、关键指标等开展在线监测和辅助分析，质量事件管理与设备质量综合评价等电网资产实物 ID 综合深化应用，提升数据共享融通水平，全面促进资产管理精益化和智能化水平提升。具体包括如下内容。

1）加强数据质量管控。通过开展业务规则和数据质量分析，梳理形成资产全寿命周期管理深化应用数据质量监测点及监测规则。通过建立数据质量管理机制，对设备多码信息和基础业务信息的完整性、一致性、规范性等进

131

行校验。通过开展数据质量在线检查，提升资产管理基础数据质量。

2）建设电网资产数据服务中心。依托全业务统一数据中心，以实物 ID 多码贯通数据为基础，汇集资产全寿命周期全过程信息，实现资产管理业务数据组件化。为各专业提供统一、标准、规范的数据共享服务，推进实物 ID 深化应用，逐步形成资产全寿命周期管理数据服务中心，推动数据"终端一次录入、专业共享使用"。

3）探索构建电网资产数字化管理模式。基于资产数据服务中心，依托企业云平台构建实物 ID 综合应用，以实物 ID 为纽带，聚焦资产管理业务，整合规划、建设、物资、运检、财务等各专业源系统资产管理数据，通过数据清洗及模型化处理，逐步形成用户、数据、业务等核心要素高效融合的电网资产数据管理模式，为实现资产管理数字化转型奠定基础。

二、 系统架构

电网资产实物 ID 应用平台总体框架如图 6-16 所示。

三、 主要功能

1. 多码贯通信息一键展示移动应用

一键展示移动应用具备扫码二维码、RFID 识别、实物 ID 查询功能，实现实物资产信息快速查询；变电站定位，快速获取变电站设备概览，也可以通过地图穿透到地市公司地图，点击变电站来查询设备。

（1）多码基础信息展示。多码基础信息展示实物 ID、项目、WBS、资产等 6 个基础码及生成时间，判断实物所处的业务阶段。

（2）各阶段信息展示。各阶段信息展示规划计划、物资计划管理、合同管理、物资收货等 15 个业务环节重要信息。

（3）设备履历展示。设备履历展示最近 5 年内缺陷记录及检修记录。

2. 实物 ID 全景展示 PC 应用

（1）规划计划信息。

1）规划计划概览。展示项目基本信息，并且能通过项目编码穿透查询项目详细信息。

2）项目详细信息。可通过物资需求数量、设备数量、资产数量跳转查看对应详细采购订单、设备、资产信息，可用于分析项目的进行状况及了解项目投资完成情况。

（2）招标采购信息。

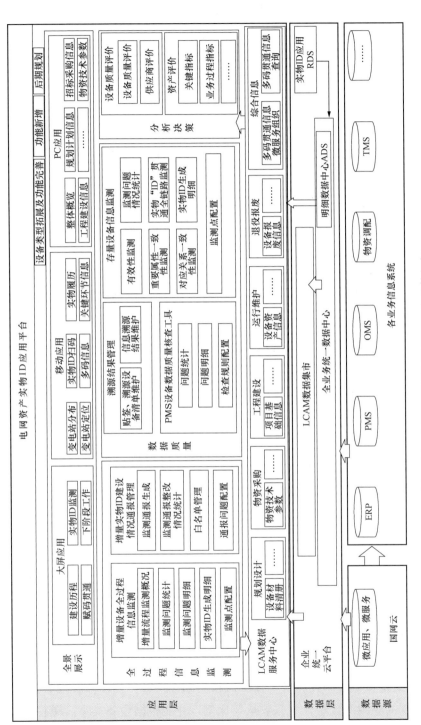

图 6 - 16　电网资产实物 ID 应用平台总框架

133

1）物资需求计划。展示项目的物资需求列表，并能通过采购申请获取以实物 ID 为维度的实物清单。

2）采购合同概览。展示项目的采购合同清单，并能通过采购订单获取以实物 ID 为维度的实物清单，方便业务人员和管理人员了解其实物 ID 在物资招标采购阶段的贯通情况。

（3）工程建设信息。

1）项目基本信息。展示项目的建设情况、项目总体预算、项目耗用预算等项目信息。

2）工程物资领料。展示项目物资领用、采购、需求信息，提高对项目执行情况的掌控能力，准确定位领用物资数量，控制运营风险。

（4）运行维护信息。

1）设备查询。展示设备清单，通过设备编码可穿透至设备详细信息界面，设备详细信息界面还可查看设备多码贯通信息，通过相应的多码可穿透至相应界面查看对应的信息。

2）资产查询。展示资产清单，通过资产编码可穿透至资产详细信息界面，资产详细信息界面还可查看资产多码贯通信息，通过相应的多码可穿透至相应界面查看对应的信息。

（5）退役报废信息。展示退役报废的设备清单，通过设备编码，穿透获取资产报废信息及报废执行情况，实现资产退役报废相关信息高效共享。

（6）综合共享信息。物资技术参数，展示供应商录入的物资技术参数明细信息，实现根据项目、设备类型等维度查询或导出物资技术参数清单，为物资、运检专业人员物资技术参数准确性检查提供支撑。

3. 大屏展示应用

（1）赋码贯通情况展示。

1）赋码情况。展示赋码资产总数，增量资产赋码数量，存量资产赋码数量，并分别按地市单位、设备类型展示赋码情况。

2）增量设备贯通。展示增量设备总体贯通率、各项目类型、单位的贯通率，各单位赋码设备数、贯通数，以及各阶段贯通应用成果。

3）存量设备信息溯源。展示存量设备的溯源情况，具体内容包含总体、主网、配网的应溯源数量，溯源数量及比例，并能根据设备类型、单位统计溯源情况。

（2）实物 ID 监测。

1）变电站贯通监测。展示全省的赋码变电站数量，并通过浙江省地图展示各地市赋码电站贴签数量，地市地图展示各电压等级变电站分布、各变电站的贯通数量和贯通比例。

2）全流程贯通监测。按设备类型展示实物 ID 生成完成率，根据业务阶段展示业务过程超时情况，根据单位展示业务过程断链数量及断链比例。

4. 流程监测

（1）整体概况。整体概况即为增量监测的首页，可统计和展现实物 ID 贯通率的整体走势、五大业务阶段的贯通率及问题数量、各地市公司的贯通率及排名。

（2）问题统计。问题统计提供增量流程监测点问题的统计查询功能，各单位可通过此功能查询统计本单位的各监测点问题数量及比例，以便后续有重点，有针对性地进行系统功能及业务流程改造。

（3）问题明细。可按单位，所属线站等查询问题明细，问题明细包含项目名称，项目负责人，设备主人，具体问题描述等信息，以方便各单位及时准确地定位到相关责任人。

（4）实物 ID 生成明细。可以根据招标批次、项目编码、变电站等查询实物 ID 贯通的全过程信息、物资技术参数是否维护、实物 ID 状态等信息，以方便各专业人员对资产实物 ID 各阶段信息及业务状态的了解。

5. 信息溯源数据质量检查

（1）信息溯源数据维护管理。建立存量设备信息溯源数据管理应用，实现存量设备信息溯源成果的导入、导出、查询、数据校验等功能，保障了导入数据的完整性及规范性。

（2）信息溯源数据质量问题监测及分析。通过工具开展了信息溯源数据多码有效性、多码对应关系一致性、各码相关重要属性一致性的三层递进式检查分析，各单位及时整改，确保溯源数据准确有效。

（3）数据质量查询统计。对各单位多码有效性、多码对应关系一致性、各码相关重要属性一致性检查，针对发现的问题进行报表统计，反映问题整改成效，提升信息溯源的管理水平。

6. 设备质量综合评价

（1）设备质量评价。包括分类设备评分明细和单体设备评分明细，可以通过设备编码穿透到"单体设备履历"界面。单体履历包括设备基本信息和日常监造、安装调试、运行缺陷、家族缺陷、设备质量事件、退役报废原因等问题。

（2）供应商绩效质量评价。

1）供应商绩效综合评分，从设备类型和电压等级进行评分。

2）展示供应商评分时所需要的异常报废设备信息和抽检不合格信息。

（3）设备质量问题明细。

1）设备质量问题情况统计，用以展示不同单位评价设备总数、问题设备数量、问题设备比例等信息。

2）设备质量问题明细查询。

第 7 章　运检一体化设备主人建设评价方法

随着运检一体化设备主人的建设发展，如何运用运检一体将设备主人建设持续深化，是亟须解决的问题。为此，需要建立一套完整的运检一体化设备主人评价体系，作为运检一体化设备主人复制推广的重要参考和依据。

运检一体化设备主人评价体系以"起步简化、后续迭代"为原则，从融合评价体系和成熟评价体系两个方面入手，构建涵盖运检成本下降率、设备可靠提升率、设备健康提升率等 9 个关键指标，对于不断完善运检一体化设备主人、优化运维检修作业流程具有重要意义。

7.1　运检一体化设备主人建设评价体系设置

运检一体化设备主人评价体系包括运检一体化设备主人融合评价体系和运检一体化设备主人成效评价体系，下面分别介绍。

7.1.1　运检一体化设备主人融合评价体系

融合指标体系是对运维和检修融合程度的评价，是融合指数（成熟度指数）体系最直接的体现，同时它也将影响乃至决定成效指标体系，由技能融合率、业务融合率、制度融合率及绩效融合率这 4 个指标组成。

1. 技能融合率

技能融合率代表运检班组技能融合程度，是体现运检班组成员运检技能融合水平的关键指数，由班组运检融合后多专业运检人员所占比例、运检人员技能综合水平以及相同时间内运检人员技能提升程度共同决定。

2. 业务融合率

业务融合率代表班组运检一体化业务开展情况，是班组整体业务融合度的体现，由运检班组的运检业务覆盖面、班组人员通过角色转换全流程参与运维、检修作业量占班组同类运检业务的比例以及运检人员全流程参与运维、检修业务深度共同决定。

3. 制度融合率

运检一体化制度是规范开展运检业务的基础，制度融合率体现运检班组建设的安全性和规范性，由运检一体化制度的覆盖面、完善率决定。其中运检一体化制度指针对运检一体化而修编和制订的制度。

4. 绩效融合率

绩效融合率表明运检工作激励情况，正向激励能激励运检技能提升和业务融合，由班组绩效差别率、班组绩效分配率、班组绩效合理程度以及人均优绩分共同决定。

7.1.2 运检一体化设备主人成效评价体系

成效指标体系是运检一体化成效的体现，是运检融合实践重要价值的体现，由运检成本下降率、设备可靠提升率、设备健康提升率、作业效率提升率及安全水平提升率这 5 个指标组成。

1. 运检成本下降率

运检成本下降率从经济成本体现运检班组融合成效，同等规模变电站的运检成本多少是最直接的体现。

该指标通过运检一体化模式下人均管辖变电站、运检设备数、运检业务量体现。

2. 设备可靠提升率

设备可靠提升率代表运检班组对供电可靠性的贡献情况，通过同类作业中同类设备停运时间、检修衔接时间体现。

设备停运时间同样是外界对供电可靠性评价的一个重要方面，是保障供电可靠性的重要因素，且一直是供电系统关注的焦点。

3. 设备健康提升率

结合运检一体化模式下的设备主人综合评价，设备健康提升率是反映设备运行状况的指标，设备健康水平通过设备缺陷存量、消缺周期时间体现。

4. 作业效率提升率

作业效率提升率是运检成效的综合反映，是运检成熟度的关键指标，通过运检一体化作业相对常规班组作业节约的工时数体现。

5. 安全水平提升率

作业计划的准确性、作业违章查到率、隐患排查数量和消除的提升是体现运检一体化模式对安全提升最直接的影响，是班组安全水平的一个重要体现。

7.2　运检一体化设备主人融合评价指标

7.2.1　技能融合率

技能融合率代表运检一体化设备主人技能融合程度，是体现设备主人运检技能融合水平的关键指数，由团队运检融合后多专业运检人员所占比例、运检人员技能综合水平以及相同时间内运检人员技能提升程度共同决定。多专业运检人员人数越多，运检人员技能综合水平越高，技能综合水平提升速度越快，技能融合率越高，由此决定技能融合率的指标有多专业运检人员占比和运检人员技能综合水平。

1. 多专业运检人员占比

多专业运检人员是指具备两个及以上运维、检修专业技能和资质的运检人员。多专业运检人员占比是指多专业运检人员占设备主人团队人员总数的比例，团队多专业人员占比越高，标志着能从事运检一体化设备主人业务的人员越多。多专业运检人员占比计算公式为

$$多专业运检人员占比 = \frac{设备主人团队多专业运检人员数量}{设备主人团队总人数}$$

2. 运检人员技能综合水平

运检人员技能综合水平可按照运检人员具备的各专业技能等级进行综合评估。运维专业技能等级可按副值、正值、值长等级划分，检修各专业可按一级工作负责人（35kV 及以下工作负责人）、二级工作负责人（110kV 及以下工作负责人）、三级工作负责人（220kV 及以下工作负责人）等级划分，不同专业技能等级分别设定相应分值，运检人员的技能综合水平可按其具备的各专业技能等级进行加权确定分值。设备主人团队根据各位运检人员技能综合水平可确定该团队的平均技能综合水平。计算公式为

$$运检人员技能综合水平 = 运维专业技能等级分值 + 检修专业 1 技能等级分值$$
$$+ 检修专业 2 技能等级分值 + \cdots$$

$$设备主人团队平均技能综合水平 = \frac{设备主人团队运检人员技能综合水平分值总和}{设备主人团队总人数}$$

赋值说明：依据现有检修、运维两大专业负责人划分类别和等级，运检人员综合水平基准值设置见表7-1。根据运检一体化融合难易程度，当运检人员同时具备检修二级负责人和运维正值资质时，其可完成90%的运检业务，具备较优秀的运检能力，故设置运检人员综合水平基准值为4。

表7-1 运检人员综合水平基准值设置

检 修	运维	分值
一级负责人（35kV及以下电压等级工作负责人）	副值	1
二级负责人（110kV及以下电压等级工作负责人）	正值	2
三级负责人（220kV及以下电压等级工作负责人）	值长	3

评价运检一体化技能水平提升效果，在规定时间内，运检人员技能综合水平越高，证明技能提升越快，运检一体技能融合越好。综合水平提升速度计算公式为

$$\text{运检人员技能综合水平提升速度} = \frac{\text{规定时间内运检人员具备的各专业技能等级分值差值}}{\text{规定时间}}$$

$$\text{设备主人团队平均技能综合水平提升速度} = \frac{\text{规定时间内团队平均技能综合水平分值差值}}{\text{规定时间}}$$

说明：系统内部资质等级鉴定周期和部门技能鉴定周期均为一年一次，故规定时间以1年为单位。

根据人员资质发展统计，理想情况下，1年内90%人员年综合水平提升值为1，10%人员年综合水平提升值为2，故有90%×1+10%×2=1.1，考虑到存在某职工因不满足工作年限，当年不能参与技能资质认定的情况，故1.1提升值为理想情况，设为基准值。

7.2.2 业务融合率

业务融合率代表设备主人团队运检一体化设备主人业务开展情况，是整体业务融合度的体现，由设备主人团队的运检业务覆盖面、设备主人通过角色转换全流程参与运维、检修作业量占团队同类运检业务的比例以及运检人员全流程参与运维、检修业务深度共同决定，团队开展运检一体化业务覆盖面越广、全流程运检业务量越多、运检人员全流程运检作业深度越深，运检业务融合率越高。

1. 运检一体化业务覆盖面

设备主人团队开展的运检业务种类占运检全业务种类的占比越高，运检

一体化业务覆盖面越广，证明运检一体化设备主人作业范围越广，融合程度越高。运检业务可分为小型业务、中型业务及大型业务，见表 7-2。

表 7-2   运检业务简单分类

检修	运维	分值
简单消缺工作	停线路操作	小型业务
单间隔工作	停主变压器操作	中型业务
综合检修、技改工作	停主变压器＋母线操作	大型业务

运检一体化业务覆盖面的计算公式为

$$运检一体化业务覆盖面 = \frac{设备主人开展的运检业务种类}{运检全业务种类}$$

2. 同类运检业务全流程作业占比

可按运检作业类型将运检业务分为大型、中型、小型运检作业，运检人员全流程参与运维、检修作业既可大大提升人员效率，也促进了运检业务的融合，同类运检业务全流程作业占比越高，代表该设备主人业务融合效果越明显。同类运检业务全流程作业占比的计算公式为

$$同类运检业务全流程作业占比 = \frac{某类运检业务全流程作业数量}{某类运检业务作业总量}$$

备注：外包业务无法在工作票中体现。

3. 运检全流程作业深度

运检作业类型可分为大型、中型、小型运检作业，每类运检作业还可按电压等级分为一级（35kV 及以下运检作业）、二级（110kV 运检作业）、三级（220kV 运检作业）等不同等级，高等级运检业务在全流程作业中占比越高，运检业务融合越深入。运检人员只有真正掌握了第二专业技能，才能从事第二专业高难度的作业，才有更强的技术水平和业务能力，实现一岗多能，高效率作业。运检全流程作业深度计算公式为

$$运检全流程作业深度 = \frac{某类运检业务高等级全流程作业数量}{某类运检业务全流程作业数量}$$

7.2.3　制度融合率

运检一体化设备主人制度是规范开展设备主人业务的基础，制度融合率体现运检一体化设备主人建设的安全性和规范性，由运检一体化设备主人制度的覆盖面、完善率决定。其中运检一体化制度指针对运检一体化而修编和

制订的制度。

1. 运检一体化制度覆盖度

根据变电专业工作性质将运检一体化制度分为运维管理、检修管理、设备管理、安全管理、技术管理、培训管理和班组管理等几大类，按照上述制度分类来考察已完成的运检一体化制度的覆盖度。

2. 运检一体化制度完善率

在推进运检一体化建设进程中，公司各层级完成的新建或者修订的制度数量，按项/年统计。

确定制度：管理制度、安全制度、薪酬制度、教育培训制度和班组管理制度。

7.2.4 绩效融合率

绩效融合率表明运检工作激励情况，正向激励能激励运检技能提升和业务融合，由班组绩效差别率、班组绩效分配率、班组绩效合理程度以及人均优绩分共同决定。

1. 班组绩效差别率

运检班为提升运检技能、提高运检作业效率，奖金分配上比常规运维班更多，班组绩效差别率指运检班与运维班的人均奖金差值与运检班人均奖金总额的比值，计算公式为

$$班组绩效差别率 = \frac{运检班人均奖金总额 - 运维班人均奖金总额}{运检班人均奖金总额}$$

班组绩效差别率越高，公司推动运检工作力度越大。

2. 班组绩效分配率

班组绩效分配率即运检奖金占班组总体奖金的比例，计算公式为

$$班组绩效分配率 = \frac{运检奖金}{班组总体奖金}$$

当班组把更多的奖金用于奖励运检一体作业，才能更好激发员工提升运检技能，开展运检一体作业的动力。

3. 班组绩效合理程度

评估运检班运检奖励合理度，运检人员奖金分布应呈正态分布，让员工的奖金与业务量以及技能水平正向关联，呈现多劳多得的态势，使得运检激励更为公平合理，更能激发员工动能。

4. 人均优绩分

荣誉和人才培养也体现了班组成长和发展中取得的成绩，人均优绩分可从班组所得荣誉和向上级输送人才两个维度进行评估，两个维度可根据情况设定不同的加权值。人均优绩分可定义为一定时期内，班组获得的集体和个人荣誉积分和向上输送人才积分总和的人均值，计算公式为

$$\text{人均优绩分} = \frac{\text{班组获得的集体和个人荣誉积分} + \text{向上输送人才积分}}{\text{班组人数}}$$

荣誉和输送人才按照不同等级赋分。荣誉等级越高，积分越高；输送人才层级越高，相应积分越高。荣誉以近 5 年荣誉为界，个人荣誉积分见表 7-3，班组输送人才积分见表 7-4。

表 7-3　　　　　　　　　　个人荣誉积分

荣誉级别	等级	积分
国网公司荣誉/浙江省荣誉	一等奖	25
	二等奖	20
	三等奖	15
省公司荣誉/绍兴市荣誉	一等奖	10
	二等奖	8
	三等奖	6
公司荣誉	一等奖	5
	二等奖	4
	三等奖	3
部门荣誉	无级别区分	2

表 7-4　　　　　　　　　　班组输送人才积分

荣誉级别	等级	积分
领导	正科	12
	副科	10
班组长	正班长	8
	副班长	5

运检班组作为优秀运检人员的代表，平均积分为 13.75，设置基准值高于优秀代表，基准值设为 15。

7.3 运检一体化设备主人成效评价指标

7.3.1 运检成本下降率

从经济成本体现运检一体化设备主人团队融合成效,同等规模变电站的运检成本多少是最直接的体现。该指标将通过运检一体化模式下人均管辖变电站、运检设备数、运检业务量体现。

1. 人均管辖变电站

人均管辖变电站越多,越能体现人力资源的利用率,有

$$人均管辖变电站 = \frac{运检班管辖变电站数量}{运检班总人数}$$

备注:以 110kV 变电站为基准,1 座 220kV = 2 座 110kV,1 座 35kV = 0.5 座 110kV。

2. 人均运检设备数

人均运检设备数越多,证明维修一台设备所需人力越少,维修成本越低。设备可选取变电站主要的典型设备分类统计,有

$$人均运检设备数 = \frac{运检一体化设备主人运维的某类设备数量}{运检一体化设备主人总人数}$$

3. 人均运检业务数

人均运检业务量越多,证明同一业务所需人力越少,人工费用越少。业务可选取变电站一定周期内主要的典型业务分类统计,有

$$人均运检业务数 = \frac{运检一体化设备主人某类主要业务数量}{运检一体化设备主人总人数}$$

以小型业务为基准,1 中型业务 = 2 项小型业务,1 大型业务 = 3 项小型业务,目前运检班组人均业务量为 9.8,设置人均业务量基准值为 10。

7.3.2 设备可靠提升率

设备可靠提升率代表运检一体化设备主人对供电可靠性的贡献情况,通过同类作业中同类设备停运时间、检修衔接时间来体现。

设备停运时间同样是外界对供电可靠性评价的一个重要方面,是保障供电可靠性的重要因素,且一直是供电系统关注的焦点。目前有相对成熟的统计数据。

变电站内设备总的停电时间是整体设备可靠性提升的表现，总的停电时间越短，设备可靠率越高。

1. 设备平均计划停运减少时间

设备平均计划停运减少时间是指将运检计划工作按单间隔消缺、单间隔投产、一定规模的技改项目、一定规模的大修项目等进行分类，取一定周期内，同等条件下，运检一体化模式下某类计划工作设备停运时间与常规模式下设备停运时间的对比，有

运检一体化设备主人设备平均计划停运减少时间＝全公司设备平均计划停运时间－运检班设备平均计划停运时间

2. 设备平均非计划停运减少时间

除正常计划作业外，非计划情况下的作业停运时间是设备可靠性的另一个直观体现。运检一体化模式下设备非计划停运时间与常规模式下设备非计划停运时间的对比，是证明运检一体化优势的有效依据。设备平均非计划停运减少时间的计算公式为

运检一体化设备主人设备平均非计划停运减少时间＝全公司设备平均非计划停运时间－运检一体化设备主人设备平均非计划停运时间

3. 设备检修平均衔接减少时间

运检一体化模式下，运维、检修业务交界面的重复部分得到优化，且运维检修作业中的等待时间缩短为零，极大地提高了作业效率，减少了设备的停运时间，提高了设备的可靠性。

可将业务同样按种类划分，分别计算一定周期内某类作业的平均衔接节省时间。设备检修平均衔接减少时间的计算公式为

运检一体化设备主人设备检修平均衔接减少时间＝全公司设备检修平均衔接时间－运检一体化设备主人设备检修平均衔接时间

7.3.3　设备健康提升率

结合运检一体化模式下的设备主人综合评价，设备健康提升率是反映设备运行状况的指标，设备健康水平通过设备缺陷存量、消缺周期时间体现，缺陷存量越少，消缺周期越短，设备健康水平越高。

1. 缺陷平均存量

缺陷平均存量是指以变电站为单位的现存缺陷总数，整体缺陷数量的多少，体现了设备的整体健康水平，其计算公式为

$$运检班缺陷平均存量 = \frac{运检班缺陷存量}{运检班变电站数量}$$

其中，变电站数量可将 220kV 和 35kV 站统一折算成 110kV 站计算。

2. 缺陷平均消缺周期

缺陷存在周期越短，对设备损伤程度就越少，一定程度上可以提升设备健康水平，延长设备整体寿命周期。缺陷平均消缺周期的计算公式为

$$运检班缺陷平均消缺周期 = \frac{运检班缺陷消缺周期总长}{运检班缺陷数量}$$

3. 主要典型设备每百台缺陷平均存量

以变压器、断路器、隔离开关、二次设备、自动化设备等大型设备为例，对于此类核心关键设备，其健康水平将决定整座变电站供电可靠性，其缺陷数量越少，设备健康水平越高，供电可靠性越高。主要典型设备每百台缺陷平均存量的计算公式为

$$运检班主要典型设备每百台缺陷平均存量 = \frac{运检班主要典型设备的缺陷存量}{运检班主要典型设备百台数}$$

7.3.4 作业效率提升率

作业效率提升率是运检一体化设备主人成效的综合反映，也是运检一体化设备主人成熟度的关键指标，通过运检一体化设备主人作业相对常规班组作业节约的工时数体现。后续也将对作业类型按照小型、中型和大型来划分。小型作业指单间隔消缺、小型应急抢修等作业；中型作业指单间隔检试投运等作业；大型作业指大修、大型技改、全站投产等作业。作业量以人天或人小时为单位量化。作业效率提升率的计算公式为

运检一体化设备主人小型作业效率提升率

$$= \frac{(常规班组小型作业平均作业量-运检一体化设备主人小型作业平均作业量)}{运检一体化设备主人小型作业平均作业量}$$

运检一体化设备主人中型作业效率提升率

$$= \frac{(常规班组中型作业平均作业量-运检一体化设备主人中型作业平均作业量)}{运检一体化设备主人中型作业平均作业量}$$

运检一体化设备主人大型作业效率提升率

$$= \frac{(常规班组大型作业平均作业量-运检一体化设备主人大型作业平均作业量)}{运检一体化设备主人大型作业平均作业量}$$

7.3.5 安全水平提升率

作业计划的准确性、作业违章查到率、隐患排查数量和消除的提升是体

现运检一体化模式对安全提升最直接的影响,是设备主人安全水平的一个重要体现。

1. 作业计划准确性

准确的作业计划不仅可以平衡班组的生产承载力,也对班组的安全生产至关重要,作业计划的准确性是班组安全水平的一个重要指标,作业计划准确性可分为日、周计划的准确性。作业计划准确性的计算公式为

$$作业计划的准确性 = \frac{全年准确的作业计划次数}{全年作业计划次数}$$

2. 作业违章查到率

现场作业的安全性和规范性是班组安全生产的重要保证,班组作业越规范、现场违章越少,班组安全水平越有保障,班组作业违章查到率也是班组安全水平的一个重要指标。作业违章查到率的计算公式为

$$作业违章查到率 = \frac{全年被查到违章数量}{全年上级稽查次数}$$

3. 一站一库隐患发现率

一站一库隐患发现率的提高,意味着运检人员对一站一库隐患发现增多,对设备的检查巡视深度增加更为了解,是提高安全水平的一个重要举措。

4. 一站一库隐患消除率

一站一库隐患消除率的提高,意味着及时发现隐患,消除隐患,保证设备健康运行,是保证安全的意向重要举措。

7.4　运检一体化设备主人评价体系指标的权重设置

按照前期运检一体化实践经验和长期运检工作经验综合评估,在运检一体化设备主人成熟度指标中,融合指标体系和成效指标体系分别占比 50%。融合指标体系中,技能融合率占比 40%、业务融合率占比 30%、制度融合率占比 10%、业绩融合率占比 20%;成效指标体系体中运检成本下降率、设备可靠提升率、设备健康提升率、作业效率提升率、安全水平提升率这 5 个指标分别占比 20%。

指标权重后续可根据实际情况调整。

7.5 运检一体化设备主人评价体系使用案例

【案例】运维班（集控站、运检班）设备主人落实情况评价案例

一、数据获取

取得线上浙电云平台全业务统一数据中心数据库访问权限，编写相应查询语句，获取人员基础数据、工程项目管控、设备运行维护、设备检修监管、设备检测评价、设备退役报废等各项工作业务数据，并将线下数据和外部开放数据上传至浙电云平台。

数据类型包括系统线上数据和线下数据，见表 7-5。

表 7-5   数据类型

数据类型	源业务系统	数据表名	数据项
线上数据	PMS2.0	PMS_TTSJ_1201	设备投运时间 退役时间
		PMS_LPJL_1202	操作票操作时间 工作票工作时长
		PMS_SYBB_1203	试验报告上传份数、时间
		PMS_XSWH_1204	巡视维护记录
	调控云	DKY_JFL	调令发令、接令时间、 计划停电时间
	可靠性系统	RLBLT_SYSTM	实际停电时间
	智能运检管控平台	IOIC_QXJL	缺陷严重级别、发现时间、 消除时间
线下数据	人员信息	P_Information	职称、技能、资质、奖金
	制度信息	S_Information	运维、检修、监控管理办法 数量，技术标准数量
	智能化水平	INTLLGNT_level	无人机数量、操作机器人数量、 智能巡检机器人数量

二、评价

收集绍兴地区各运维班（集控站、运检班组）组近一年的数据，通过系统对各个班组运检一体化设备主人的落实情况进行计算评价，图 7-1 和图 7-2 所

示分别为成效指标评价和技能融合率评价画面图。

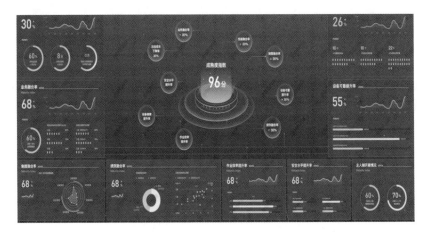

图 7-1　成效指标评价画面图

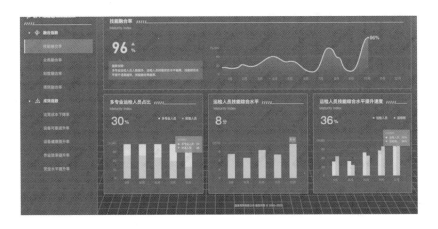

图图 7-2　技能融合率评价画面图

最终评价结果如图 7-3 所示。

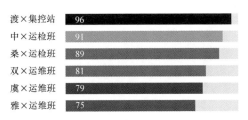

图 7-3　最终评价结果

参 考 文 献

国家电网有限公司设备管理部 . 变电运维专业技能培训教材［M］. 北京：中国电力出版社，2021.